常见多肉植物
这样养

木丰央 ● 主编　　壹号图编辑部 ● 编著

江苏凤凰科学技术出版社

图书在版编目（CIP）数据

常见多肉植物这样养 / 木丰央主编；壹号图编辑部
编著 . —— 南京：江苏凤凰科学技术出版社，2017.1
ISBN 978-7-5537-6837-3

Ⅰ . ①常… Ⅱ . ①木… ②壹… Ⅲ . ①多浆植物－观
赏园艺 Ⅳ . ① S682.33

中国版本图书馆 CIP 数据核字 (2016) 第 161905 号

常见多肉植物这样养

主　　编	木丰央	
编　　著	壹号图编辑部	
责 任 编 辑	张远文	
责 任 监 制	曹叶平　　方　晨	

出 版 发 行	凤凰出版传媒股份有限公司
	江苏凤凰科学技术出版社
出版社地址	南京市湖南路 1 号 A 楼，邮编：210009
出版社网址	http://www.pspress.cn
经　　销	凤凰出版传媒股份有限公司
印　　刷	北京旭丰源印刷技术有限公司

开　　本	718mm×1000mm　1/16
印　　张	16
字　　数	250 000
版　　次	2017年1月第1版
印　　次	2017年1月第1次印刷

标 准 书 号	ISBN 978-7-5537-6837-3
定　　价	39.80元

图书如有印装质量问题，可随时向我社出版科调换。

　　多肉植物因其漂亮可爱的特点而广受人们的喜爱，被"肉友"们亲切地称为"神奇萌物"。它们或圆润呆萌，或俏皮可爱，是"有生命的工艺品"，已成为小资文艺的象征。

　　无论是外形奇特却可以开出美艳花朵的生石花，还是生存能力强大、被称为"有质感的生命"的绿玉扇，或者是小家碧玉般的小松绿、高雅纯洁的白雪姬，又或者是小巧精致的翡翠玉、端庄大方的虎尾兰，都在彰显着自己的个性和美丽。将这样一盆盆神奇的植物摆放在书架上、阳台上、庭院中，不仅可以让人们感受到生命的多彩，而且还可以领略到自然的奇妙之处。在这个个性张扬的时代，多肉植物也不甘落后，它们用不同的身姿诉说着自己的生命价值，热爱生活的你，怎能没有一盆彰显个性的多肉植物呢？

　　本书内容丰富、图文并茂，首先从多肉植物的概念、种类、繁殖和养护等基础知识进行介绍，既可以帮助多肉新手更快入门，也可以给有经验的多肉养护者提供参照。对常见多肉植物，既有别名、科属、产地、花期和形态特征的介绍，又有从种植、施肥、浇水、温度、光照几个方面进行详细介绍的栽培方法，更有针对不同多肉植物养护过程中可能出现的问题的解答和关于多肉植物摆设建议的小贴士，且每一种多肉植物都配有至少一幅高清美图，既是多肉养护指南，又是多肉欣赏图谱。创意满满的多肉植物组盆部分，非常适合有经验的多肉玩家，可以在本书介绍的组盆基础上进行个性发挥，打造更加独特美丽的多肉组盆，多肉新手也可以照着本书的组盆步骤进行尝试，会带你走进一个更加有魅力的多肉世界。

　　总之，本书没有晦涩难懂的概念，也没有枯燥冗长的介绍，而是将优美图片和简单明了的文字相结合，兼具实用和欣赏价值，相信会对你养护多肉植物有所帮助。本书在编写过程中得到"杨杨多肉"的大力支持，在此表示感谢。

目录

Part 1

神奇的多肉植物

12 多肉植物的概念

13 多肉植物的种类

21 多肉植物的基本栽培知识

29 多肉植物的繁殖

33 多肉植物的养护

Part 2

常见多肉植物

40 虹之玉

41 姬星美人

42 小松绿

43 小玉珠帘

44 黄丽

45 天使之泪

46 乙女心

47 千佛手

48 虹之玉锦

49 新玉缀

50 玉米石

51 垂盆草

52 佛甲草

53 大和锦

54 黑王子
55 吉娃莲
56 锦晃星
57 锦司晃
58 女王花笠
59 玉蝶
60 月影
61 红粉台阁
62 特玉莲
63 霜之朝
64 八宝景天
65 半球星乙女
66 火祭
67 景天树
68 钱串景天
69 茜之塔
70 神刀
71 赤鬼城
72 小米星
73 筒叶花月
74 若绿
75 长寿花
76 大叶落地生根
77 江户紫
78 趣情莲
79 唐印
80 仙女之舞
81 玉吊钟
82 月兔耳
83 露娜莲
84 紫珍珠
85 罗密欧
86 蓝石莲
87 丽娜莲
88 花月夜
89 雪莲
90 黑法师
91 山地玫瑰

92 清盛锦
93 红缘莲花掌
94 毛叶莲花掌
95 花叶寒月夜
96 小人祭
97 星美人
98 桃美人
99 青星美人
100 千代田之松
101 冬美人
102 紫牡丹
103 红卷绢
104 蛛丝卷绢
105 库珀天锦章
106 天章
107 翠绿石
108 姬胧月

109 银星
110 初恋
111 白牡丹
112 仙女杯
113 子持莲华
114 乒乓福娘
115 熊童子
116 白花小松
117 玉翁
118 白玉兔
119 金手指
120 白龙球
121 短毛球
122 仙人球
123 花盛球
124 黄毛掌
125 仙人掌

152 姬玉露

153 玉扇

154 水晶掌

155 波路

156 不夜城芦荟

157 翡翠殿

158 芦荟

159 千代田锦

160 卧牛锦

161 子宝

162 碰碰香

163 露美玉

164 生石花

165 紫勋

166 波头

167 红怒涛

168 翡翠玉

169 少将

170 慈光锦

171 帝玉

172 光玉

173 雷童

174 鹿角海棠

175 快刀乱麻

176 五十铃玉

177 布纹球

178 彩云阁

179 春峰

180 大戟阁锦

181 红彩云阁

182 虎刺梅

183 大花虎刺梅

184 琉璃晃

185 麒麟掌

186 光棍树

187 将军阁

188 翡翠柱

189 红雀珊瑚

126 白毛掌

127 量天尺

128 仙人柱

129 绯牡丹

130 绯花玉

131 多棱球

132 金琥

133 金冠

134 鸾凤玉

135 乌羽玉

136 蟹爪兰

137 橙宝山

138 鼠尾掌

139 万重山

140 英冠玉

141 昙花

142 翁柱

143 山影拳

144 白鸟

145 点纹十二卷

146 九轮塔

147 琉璃殿

148 条纹十二卷

149 万象

150 寿

151 玉露

190 蜈蚣珊瑚
191 佛肚树
192 大美龙
193 狐尾龙舌兰
194 金边龙舌兰
195 笹之雪
196 雷神
197 王妃雷神
198 圆叶虎尾兰
199 短叶虎尾兰
200 金边短叶虎尾兰
201 金边虎尾兰
202 马齿苋
203 金钱木
204 雅乐之舞
205 春梦殿锦
206 酒瓶兰

207 心叶球兰
208 大花犀角
209 吊金钱
210 球兰
211 光堂
212 鸡蛋花
213 沙漠玫瑰
214 非洲霸王树
215 泥鳅掌
216 天龙
217 紫蛮刀
218 珍珠吊兰
219 天竺葵
220 白雪姬
221 龟甲龙
222 箭叶海芋
223 亚龙木

Part 3
多肉植物组盆

226 多肉食盒
228 多肉花篮
230 多肉森林
232 多肉聚宝盆
234 多肉海滩
236 多肉漂流瓶
238 多肉木桶王国
240 多肉水晶世界
242 多肉盆景
244 多肉花坛
246 多肉礼物篮
248 多肉礼盒
250 多肉掌上花园

252 附录1 名词解释
254 附录2 栽培答疑
255 附录3 多肉植物名称索引

Part 1
神奇的
多肉植物

本部分主要介绍多肉植物的基本常识，
如多肉植物的概念、种类以及种植等，
带你走进多肉植物的世界，
领略它的神奇与美妙。

多肉植物的概念

　　多肉植物，又称多浆植物、肉质植物，是对生有肥厚肉质器官的园艺植物的总称，在园艺学上，也被称为多肉花卉。

　　从外形上，这类植物一般都有肥厚的茎叶或根部，内部储存大量的水分以供生长需要。

　　从植物特性上，这类植物一般比较耐旱，忌湿热，大多喜欢阳光，需要充足的光照。

　　从生长环境上，这类植物大多生长在沙漠或比较干旱和含盐多的地方，因此又被称为"沙漠植物"。

多肉植物的种类

多肉植物种类繁多，全世界有一万多种，多生长在非洲、南美洲等干旱的沙漠地带，有50多个科属，经常栽培的有景天科、仙人掌科、龙舌兰科、百合科、番杏科、大戟科、马齿苋科、菊科等。

▼ 景天科

景天科遍布全球，但主要生长在非洲南部，共有35属，在我国大约有10属。它们多生长在旱地或石头上，叶子形状不一，并有对生、互生或轮生形态，颜色多样。比较普遍的有伽蓝菜属、景天属。

长寿花

大和锦

伽蓝菜属

枝叶肉质，单叶对生，也有少量复叶，呈羽状，开黄色、红色或紫色的花，可作盆栽观赏。

景天属

多是草本或亚灌木，叶片互生，呈瓦状排列，花朵不对称，多生长于分支的一侧，属观赏性植物。

小松绿

白桃扇

◤ 仙人掌科

　　仙人掌科主要分布在干旱的热带、亚热带沙漠地区，除多年生肉质草本植物外，还有一部分是小灌木或乔木状植物，茎部肥厚，有肉感，外形有球体、柱体及扁平体，它们中的大多数枝茎生有刺座，所生的刺或绒毛长短不一，但没有叶子。常见的有仙人掌属、子孙球属、仙人球属等。

仙人掌属

　　植株肉质，根茎呈圆球、圆柱或扁平状，表皮覆有刺座，刺有单生或丛生，开黄色或红色的花，果实可以食用。

子孙球属

　　植株短小且群生，为球体或边球体，且球体易生出子球，刺多而密集，开漏斗形的小花，果实呈红色。

仙人球属

　　植株丛生，外形呈球体或短圆柱体，易繁殖，漏斗状的小花侧生于球体一侧，可作小盆栽放置于电脑桌边。

蟹爪兰

金手指

▼ 龙舌兰科

　　龙舌兰科多数生长在热带或亚热带地区，为多年生多肉植物，有 20 余属。它们形态不一，植株有小巧型的，也有高大型的，但一般都有肥厚的叶子，有些叶片中含有丰富的纤维，如剑麻，是重要的纤维作物之一。另外，龙舌兰科中大多数植物一生只开一次花，植株成熟后，会长出很大的花序，但开花的过程很长，需要 1 ~ 2 年时间，当花朵盛开后，植株会逐渐枯死。常见的有虎尾兰属、龙舌兰属等。

虎尾兰属

　　根部肉质，又短又粗；叶子直长，不透水，可用于做绳子和弓弦。

龙舌兰属

　　茎部很短，叶子生于茎基部位，边缘有刺，呈褐色，一生只开一次花，开花后植株会逐渐枯死。

笹之雪

王妃雪神

水晶掌

▼ 百合科

　　百合科主要分布在亚热带和温带地区，种类很多，大约有230属，我国大约有60属，全国各地都有分布。百合科的植物不仅有名贵的花草，还有上好的药材，其中大多数属于肉质草本植物，植株多有茎部和根状茎，叶片互生，花朵辐射对称开放。我们常见的多肉百合科植物多属于芦荟属、十二卷属和沙鱼掌属等。

芦荟属

　　小灌木植物，植株肉质，大多没有茎部，叶子密集地生长于基部，呈莲座状，开黄色或红色的花。

十二卷属

　　植株较小，肉质茎叶色彩多样，对温度要求不高，耐旱，也耐半阴，适合家庭栽培。

沙鱼掌属

　　多年生肉质植物，叶片肥厚，似舌形，叶面没有凹凸状，光滑圆润。

条纹十二卷

琉璃殿

番杏科

　　番杏科多分布在南非，在非洲其他地区以及亚洲、大洋洲等地也有分布，大约有120属，全部是草本植物或小灌木植物，具有典型的肉质植物特征。有些种类的植株十分矮小，但枝茎或叶片却非常肥厚，叶子多是对生或互生，常开黄色、红色或白色的花朵，跟菊科植物的花朵相似。因为它对生长环境的要求比较高，夏季除了通风外，还要有干燥阴凉的环境，秋季要有充足的水分，所以除原产地外，这类植物大部分都需要在温室种植。常见的有肉锥花属、日中花属和生石花属。

肉锥花属

　　植株小巧，生长缓慢，一般只有两个对生的半球叶片或耳形叶片，花期过后两个月，叶子就会枯萎，夏末新叶长出。

生石花属

　　又被称为"石头"属，叶子对生，状似卵石，花朵从叶片顶端缝隙中开出，对生长环境要求苛刻，除生长季节外，均要保持盆土干燥。

日中花属

　　多年生草本或灌木植物，植株丛生，多分枝，叶子经过强光照射变成红色，春秋季播种或扦插。

生石花

布纹球

彩云阁

　　大戟科多产自热带地区，有 300 余属，我国大约有 66 属，多产自西南及台湾。其中多数有毒，但有些可作为药用，如巴豆；还有一些可作为原料应用于工业生产中，可制作橡胶、桐油等。这类植物多属肉质草本、乔木或亚灌木，植株群生，枝体多汁液，呈乳白色，叶子互生，生有托叶。大戟属中的植物多是本科植物的代表。

大戟属

　　草本或灌木植物，茎部多肉，对生或互生，并有边齿，大戟花序，一些种类的叶子可入药，用于治疗肠炎、痢疾等。

红雀珊瑚属

　　肉质小灌木，茎部常绿，体内多白色乳汁，有毒；叶子比较硬，互生，呈卵状，一般在夏季开红色或紫色的花。

虎刺梅

▼ 马齿苋科

马齿苋科主要产自于南美洲，耐旱，生命力旺盛，多分布在河岸边、山坡草地等地方，枝茎多分枝，呈淡紫红色，叶片呈倒卵形互生，开黄色的花，有很好的储水功能，可以提供它生长所需的水分。因此，它几乎能适应各种土壤。有些品种可入药，能起到解毒消肿的作用，还可以用来辅助治疗痢疾。

马齿苋属

多生长在热带、亚热带地区，一年生多肉草本植物，植株平卧或斜长在土中，叶子呈扁平或圆柱状。

回欢草属

主要产自于纳米比亚和南非，植株矮小，匍匐生长，叶子非常小，生有托叶，花期很短，有些品种的开花时间甚至只有一个小时。

球兰

金钱木

天龙

菊科

菊科的分布范围比较广，全球各地基本上都有分布，约1300属，多是草本植物，还有少量的小灌木植物。该类植物的叶子互生，没有生长托叶，头状花序，开管状的小花，花型呈辐射状对称，其中具有代表性的是千里光属。

千里光属

种类繁多，约1200种，在我国大约有160种，有草本、亚灌木和灌木三种类型。该属植物的叶子大多互生，头状花序，颜色也比较多样。

珍珠吊兰

泥鳅掌

多肉植物的基本栽培知识

栽培多肉植物，首先，要了解需要的工具；其次，要知道施用的肥料；再次，要清楚其生长过程中需要做哪些护理，如修剪、浇水等；最后，还要知道怎样将多肉植物布置得更加美观。

种植用具

花盆

塑料盆：色彩及造型多样，结实耐用，但是透气性和排水性较差，容易风化，使用时间较短，适合喜欢温暖湿润环境的娇小植物短期使用。可根据环境的不同，选择不同的颜色进行搭配，一般放于室内或阳台上。

素烧瓦盆：透气性好，散热也比较快，经济实惠，有利于植物根系的呼吸。选择瓦盆时以质量上乘、表面细腻有光泽的作为首选，适合在阳台上使用，而不适合在室内使用。瓦盆规格齐全，大小盆径皆有，适合各种植物。

紫砂盆：排水透气性仅次于瓦盆，简约优雅，但是价格较贵，适合排水透气性要求不高的植物。紫砂盆规格齐全，适合摆放于客厅，古色古香，韵味悠长。紫砂盆不仅要跟植物的外形相匹配，还要跟室内的装饰环境相合，才能达到最佳的装饰效果。

塑料盆

素烧瓦盆

紫砂盆

陶瓷盆：排水透气性不如紫砂盆，但是外形美观，适合对土壤透气排水性要求低的植物，可在室内直接使用，也可以作为套盆用。

木盆：排水透气性好，但是不耐用，容易腐烂，适合用来栽培不易生病虫害的植物。木盆可选择的式样较多，可以作组合盆栽，亦可以作吊盆。木盆规格较小，适合小型植物使用。

创意花盆：可以根据个人喜好进行制作，装饰性强，但具体操作起来相对困难。创意花盆可以根据大小选择适合的多肉进行栽植，然后根据其形状、颜色等放在合适的地方进行装饰。

陶瓷盆

木盆

创意花盆

工具

涂胶网格布：按需要剪裁，可预防害虫或飞虫对多肉植物的侵害。

喷水壶：用于浇水或者增加空气湿度，也可以用来给多肉植物喷药或者施肥。

浇水壶：方便把水直接浇到土壤中去，避免接触到多肉植物的叶片。

涂胶网格布

喷水壶

浇水壶

小铲子：方便调配土壤，或者换盆土时使用。

剪刀：方便扦插或者修剪植株。

签字笔：便于做记录。

小铲子

剪刀

签字笔

手套：

皮手套：质地厚，抗磨损，可在修剪有刺的多肉植物时使用，能够起到很好的保护作用。

工作手套：一般的线织手套，适合日常养护时使用。

橡胶手套：可防水和抗侵蚀，适合在施肥或浇水时使用。

皮手套

工作手套

橡胶手套

肥料

在多肉植物的生长过程中，有充足的肥水供应才能够保证其更好地生长。一般来说，专用肥包括氮磷钾的15-15-30专用肥和20-20-20通用肥，以及花宝专用肥1号7-6-19和2号20-20-20。专用复合肥可以去商店购买，而一般的肥料在生活当中就可获取，不仅环保，而且可以达到资源循环利用的效果，包括腐熟的稀薄液肥、有机肥、饼肥水以及动物粪便等。

专用肥氮磷钾15-15-30是低氮高磷钾肥料，适合开花的多肉植物在开花前期或者开花期间使用，可以起到增加开花数量以及让花色更加艳丽的作用。

通用肥氮磷钾20-20-20的氮、磷、钾含量比较高，不适合那些需要低氮高磷钾的多肉植物。这种通用肥料使用范围比较广泛，无论是多枝叶的多肉植物，还是会开花的多肉植物都可以使用，且适用于植物的各种生长阶段。

花宝专用肥1号适用于室内栽培，因为室内一般光线不充足，使用花宝1号不仅可以强健植株，而且可以促进扦插植物的生根。

花宝专用肥2号，其氮、磷、钾的配制比例比较均衡，适用范围也比较广，室内室外栽培的多肉植物均可使用，还适用于多肉植物生长的各个阶段。

对于一般的肥料，可以循环利用生活中的资源。比如淘米水混合面汤和煮饺子的水放置半个月后，就是腐熟的稀薄液肥；废弃的蛋壳、鱼骨、鱼鳞以及剪下的头发、指甲放在土壤中经过发酵就是磷肥；淘米水和洗奶瓶水经过发酵就是钾肥；此外，中药的根部、药渣、茶叶渣也是很好的花肥。

浇水

可根据多肉植物的生长习性和季节来确定其浇水次数和浇水量。

大部分多肉植物原产于热带或者亚热带的沙漠，对于这些早已适应干旱气候的多肉植物来说，并不是不需要水分，而是需要适量的水分。比如仙人掌科，这科植物的生长期一般为夏季，在生长期，应该给予适当的水分，而在春秋季它的需水量可比夏季少，到了冬季，如果气温过低，那就应该减少或停止浇水。

但对于量天尺来说，则恰恰相反，因为量天尺喜欢温暖湿润的环境，对空气湿度的要求也比较高，所以，量天尺就需要多浇水，平时还应该用花洒给其附近的地面喷水，以增加空气湿度。有些多肉植物还有休眠期，并分为冬季休眠型和夏季休眠型，一般来说，休眠期应该减少或停止浇水。

总之，多肉植物的浇水，不仅需要注意多肉植物的生长习性，还需注意其生长环境的特点。

日照

充足的日照会使多肉植物生长得更健壮，且不易生虫害，相反，阴湿的环境会大大阻碍多肉植物的生长，并容易滋生病虫害。原生环境下的多肉植物，每天的日照时间为 3 ~ 4 个小时，甚至达到 6 ~ 8 个小时，但由于居住环境的限制，室内栽培的多肉植物每天有 2 个小时的日照就可以了。

日照不足的多肉植物虽然也可以生长，但状态不佳，时间久了还会降低抵抗力，出现枝叶徒长等问题，有些多肉品种甚至会因为缺少日照而死亡。

虽然日照对多肉植物来说很重要，但严禁将其置于烈日下曝晒，因为并不是日照越强烈，多肉植物就生长得越好。因此，在夏季给多肉植物采取一些防晒措施是很有必要的，例如可制作防晒网防晒，也可将对高温敏感的多肉品种移至玻璃后阻隔紫外线，还可将其放在阴凉通风的环境下养护。

生长温度

　　通常情况下，10 ~ 30℃是多肉植物的最佳生长温度。冬季温度过低时，多肉植物就会进入休眠状态，而低于 0℃的，就会出现冻伤，这时就要停止浇水，因为此时浇水不但不能被吸收，而且会连同土壤一起结冰，从而冻伤多肉植物的根系，甚至造成其死亡。因此，冬季低温时要将多肉植物移至室内，如果担心室内缺乏日照，可以将其放到室内的窗台或密封的阳台上，注意开窗通风即可。

　　夏季温度如果超过 35℃，大部分多肉植物也会进入休眠状态。休眠状态下的多肉植物，根系会停止吸收水分，也会停止生长。因此，这时要停止浇水，否则就会造成植株腐烂。除此之外，夏季也要做好遮阴工作，可以将多肉植物移至阴凉通风的地方。

通风

通风是指空气的流通情况，这对多肉植物来说非常重要。良好的通风不仅可以让多肉植物生长得更好，还可以预防一些病虫害。

如果多肉植物在室内栽培，就要经常开窗通风，以避免霉菌、白粉病等发生。当然，露养的通风效果更好，可以使多肉植物接受充足的紫外线，促进水分的挥发，因而也更容易度过夏季休眠期，但是否适合露养，还要视地域而定。通常情况下，北方地区适合露养，但冬季温度降低时，要将其移至室内；南方地区由于降雨较多，环境潮湿，一般不适合露养，如果要露养，就需要做一些防雨措施，并且还要考虑到一些环境突变，如大雨后的烈日晴天、突如其来的台风等。

修剪

有些多肉植物生长速度比较快，需要定期修剪，只有这样才能达到最佳生长状态，保持更好的观赏效果。一般的修剪方式包括修剪枝叶、修剪茎干或者摘心等。

修剪枝叶。修剪枝叶不仅可以保持植株的外形美观，而且还能够防止其过快生长，比如量天尺在生长过程中会有很多分枝，不仅影响美观，而且还会影响其结果，因而要适当修剪。

修剪茎干。剪去茎干可以使其更加美观。比如白雀珊瑚夏天的生长速度很快，如果茎干生长过快，分枝以及叶子的生长就会受到影响，为了避免这种情况，就要剪去部分茎干，在控制其生长的同时达到美观的效果。

摘心。摘心就是为了避免多肉植物过快生长。比如长寿花，在其生长期一般要摘心 1 ~ 2 次，这样才可以促使其多开花，还可以使其枝叶更好地生长。

修根

在多肉植物的栽培过程中，有一些植物需要修根。有些需要在生长期或分株时修根，有些是在换盆土时修根，还有些则是在植株生病时修根。

有些多肉植物在生长过程中，其根部很容易缠绕，这样不利于植株生长，只有及时修剪根部，才能使其正常生长。而有些多肉植物在分株移植的过程中，易导致烂根，这时将一些过长的根系剪去，然后适当修剪一下主根，可以保证其成活率。在修剪的过程中，不用担心影响植株的生长，只要肥水充足，修剪后的根部会很快长出新根来。

有些多肉植物的根部老化之后，会浪费养分，还会影响到植株的适应能力。比如金冠，每年春季换盆土时，需要将其老去的根部以及杂根剪去，才能够植入新盆，经过修根之后的金冠，不仅生长能力强，而且还能够更好地适应新的盆土环境。

多肉植物有时会因浇水过多而导致根部腐烂，一旦发现这种情况，需要及时清理才能保证植株存活。比如仙人球，它喜欢干燥的土壤，如果浇水过多，易导致根部腐烂，要想使其存活，就需要将腐烂的根部剪去，再换上新盆、土，并细心养护。

在多肉植物的生长过程中，难免会遭到病虫害的侵袭。比如金边虎尾兰会发生软腐病，病害的主要原因在于其生长环境湿度过大，这时就得及时采取措施进行治疗，否则会直接导致整个植株的死亡，修剪根部就是其中必不可少的一项措施。

多肉植物品种多样，形态各异。对于多肉植物的爱好者来说，怎样布置多肉植物是一件值得思量的问题。

有些多肉植物植株高大而强健，且景观效果也很好，可根据室内空间的大小，来确定其适合摆放的位置。高大型的多肉植物，一般适合摆放在客厅或大型接待室的会客厅等，不仅看起来大气、美观，而且也与接待会客的氛围比较相衬，在装点环境的同时，也能够映衬出接待者的气度和风采。比如翡翠柱、大美龙等。

有些多肉植物的植株形态美观，枝叶繁茂，开花也很漂亮。这类中型多肉植物，适合摆放于客厅一角或电视背景墙的一端，不仅可以美化环境，而且还可以给人耳目一新的感觉。比如长寿花、红彩云阁等。

有些多肉植物呈匍匐状生长，一般适合在阳台或者办公场所种植。比如方茎青紫葛、大苍角殿等。

而对于那些造型美观的小型多肉植物，摆放位置的可选择性很大，因为其本身娇小，所以，摆放起来也比较随意，但是应该注意，选择植物需与室内环境相互映衬才行。如果要放在餐桌上，那就尽量选择色彩鲜嫩、株型繁茂的植物，在装点环境的同时，还能起到增强食欲的作用。

不同的株形，不同的色彩，带给我们不同的视觉感受。我们在选择多肉植物时，应充分结合自己的喜好和整个空间的风格，交相呼应和相得益彰才能得到最佳的装饰效果。

多肉植物的繁殖

多肉植物的繁殖方式一般有播种、扦插和分株三种。

播种繁殖

播种繁殖要选择果实饱满且无病虫害的种子，其种子一般不能存放太久，当季收集之后，应于次年播种，存放时间与出芽率成反比。具体步骤如下：

1. 准备容器和土壤。播种土壤的颗粒要细一些，以保证其良好的透气性、排水性，并具有一定的保水能力。

2. 铺底石。在容器底部铺一层底石，薄薄的就可以，以利于渗水保湿，如果没有底石，也可以用树皮碎、小石子等代替。

3. 装土。将土壤装入容器，然后整理平整，再浇水至透。

4. 铺赤玉土或蛭石。在土壤表层铺一层细颗粒的赤玉土或蛭石，以便更好地保水透气。

5. 浸盆。将装好土壤的容器浸入水中，直到水从土壤表层浸出，持续半小时即可。

6. 播种。多肉植物种子很小，可以用牙签蘸水点种子到土壤表层，不要覆土，盖上一层保鲜膜即可，并用牙签扎一些孔透气。

扦插繁殖是多肉植物最普遍的繁殖方式，主要分为叶插、枝插和根插三种方法。

叶插

适合叶插的多肉植物有翠花掌、白帝、虎尾兰、翡翠殿等。叶插主要分为以下几个步骤：

1. 准备叶片。从植株上取叶片时要小心，不要损伤植株，也不要从刚浇过水的植株上取。摘取时还要避免叶片根部受污染，若不小心沾到水或泥土，要马上用纸巾擦拭干净。摘下的叶片不要清洗或曝晒，以免导致叶片透明化或损坏。

2. 准备土壤。将干燥的土壤尽可能厚地铺在育苗盆内，以利于叶片生根后从土壤中汲取更多的养分，也可以将叶片置于空气中使其生根，不过在其长出小芽后就要及时移植到土壤中，否则会因缺少水分而导致叶片和小芽枯死。

3. 放入叶片。可以选择将叶片插入土中，也可以选择直接将其平放在土壤上，需要注意的是，无论哪种方式，都要将叶片正面朝上，背面朝下，因为小芽会出在叶片的正面，放反了会迫使其逆生长，影响小芽的生长。

4. 等待生根或发芽。在这期间不要浇水，避免出现腐烂现象，也不可以将其放在阳光下照射，否则会使水分蒸发加快，造成叶片死亡，应该将其放在弱光环境下，并保证良好的通风。

5. 埋入土中并浇水。一般 7 ~ 10 天叶片就会长出根系和嫩芽，如果超过 30 天，二者均未长出，则表示叶插失败。长出根系后要及时将其埋入土中，以免长时间暴露在空气中使根系枯萎，然后就可以适量浇水了，这时可将其移至阳光下，但要注意防晒。

6. 后期养护。随着嫩芽慢慢长大，会消耗掉叶插叶片的营养，不过在叶片完全枯萎前，一定不要摘掉嫩芽，要等叶片彻底枯萎后再将其摘掉。此外，在嫩芽生长过程中，可以适当增加日照时间和浇水。

枝插

枝插是指将植株的分枝剪下来进行扦插。适合枝插的多肉植物有吊金钱、红怒涛、白雀珊瑚等。枝插主要分为以下几个步骤：

1. 选枝。从长势良好的植株上选取健康的分枝，注意要一手扶着植株，一手用剪刀将其剪下。

2. 摘掉下面的叶片。不能连同叶片一起插入土中，否则易造成叶片腐烂，滋生霉菌。

3. 晾干。可将剪下的分枝放在通风处 3 ~ 5 天晾干，只有晾干伤口的分枝才能插入土中。

4. 栽植。将已经晾干的分枝栽植到花盆中，并浇少量水即可。

根插

根插则是选择根系发达或根茎粗大的植株进行扦插。适合根插的多肉植物有万象、法利达、龟甲龙等。

分株繁殖

分株繁殖在多肉植物中也比较普遍，有些群生多肉植物根部会长出一些新芽或仔球，比如水晶掌、卷娟、康氏十二卷等。分株繁殖的具体步骤如下：

1. 将已经长得爆盆的多肉植物取出。一手托住盆底，使其倾斜一定的角度，一手扶住植株，小心取出植株，尽量避免过多地伤害到根系。

2. 整理根系。将根系下部的土壤清理干净，并把盘结在一起的根系理顺。

3. 剪掉病根。将根系整理好后，查看是否有病根，如果有，用剪刀将其剪掉。

4. 分株。选择较大的幼株，轻轻摇晃，就可以将根系一起掰下来了。

5. 入盆。将分好株的幼苗直接栽入准备好的盆中。

6. 浇水。浇入适量水就可以了。

多肉植物的养护

多肉植物的养护主要有鉴别和处理病虫害、防止徒长以及养护等。掌握这些，就能顺利地种植多肉植物了。

病虫害防治

我们要细心观察多肉植物生长过程中的一些细微变化，这样才能够及时发现多肉植物的病变，以便于及时采取防治措施，保证植株的存活。

其实，如果多肉植物出现虫害，是很容易被我们发现的，因为一些虫害会比较明显，常出现在植株的茎叶上，一般常见的虫害有蚜虫、卷叶蛾、红蜘蛛、粉虱和介壳虫等。

当发现多肉植物遭受虫害侵袭时，应及时用灭虫剂进行喷杀。一般的蚜虫都会集中在植株的叶梢、叶片或花蕾上，一旦发现植株叶片萎缩或卷曲，就应该用 50% 的灭蚜威用水稀释 2000 倍喷洒到病害部位。多肉植物的虫害防治，一般可以用杀虫剂彻底清除，但如果情况严重则需更换盆、土，以保证植株良好的生长环境。

如果多肉植物出现真菌性病害，就需要我们更加小心才行，因为一般真菌性病害发病时就表明植株已经受到病害的严重困扰。一般常见的真菌性病害有褐斑病、叶斑病、煤污病、软腐病、炭疽病、锈病等。这类病害的发病原因通常跟植株的生长环境有关，要用专用的喷洒液进行预防和治疗。

如果多肉植物出现生理性病害，说明植株的生长环境不好，一旦发现这种情况，需要及时改善植株的生长环境，清理其受损的根部，然后将清理过的植株移植到新的环境中。

徒长是指多肉植物的生长状态发生紊乱，植株疯长，原有的形态被改变，茎叶出现无限生长的状态。

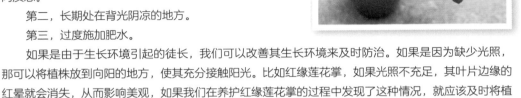

多肉植物的徒长，一般有以下几种原因：

第一，没有充足的光照。多肉植物一般喜欢温暖、阳光充足的环境，如果缺少光照，植株就会变得细长，且缺少肉质感。

第二，长期处在背光阴凉的地方。

第三，过度施加肥水。

如果是由于生长环境引起的徒长，我们可以改善其生长环境来及时防治。如果是因为缺少光照，那可以将植株放到向阳的地方，使其充分接触阳光。比如红缘莲花掌，如果光照不充足，其叶片边缘的红晕就会消失，从而影响美观，如果我们在养护红缘莲花掌的过程中发现了这种情况，就应该及时将植株放到向阳的地方，经过充分的阳光照射之后，其叶片的红晕就会慢慢出现。

如果是因为过度施肥引起多肉植物茎干生长过快，那就需要我们及时控制施肥量，减少肥水供应。植物肥水过多，会使植株的茎干部分长势旺盛，这样会影响植株枝叶的生长及开花情况，从而影响植株的美观。比如半球星乙女，如果施肥过量，它的茎节部位会向各个方向生长，影响美观的同时，还影响其叶片的茂密程度。

此外，如果没有明显原因，但植株的生长速度比较快，则可以对植株进行适当地修剪和摘心，这样在防止植株过快生长的同时，还能够让植株充分地吸收养分。修剪时可将其生长过快的茎干头部剪去，也可以根据室内景观的需要进行适当修剪。

养护方法

　　在了解多肉植物的养护方法之前，应该先了解其类型，不同类型的植物，其养护方法也有所不同。下面就以夏型植物和冬型植物为例来介绍养护方法。

夏型植物：

大多数仙人掌科植物仙人掌

大戟科大戟属：彩云阁

景天科伽蓝菜属：唐印、月兔耳，青锁龙属：神刀，石莲花

属：月影、玉蝶，瓦松属：瓦松、子持莲花

龙舌兰科龙舌兰属：龙舌兰、王妃世之雪

萝藦科水牛角属：紫龙角、阿修萝，吊灯花属：爱之蔓、绿雨

冬型植物：

百合科十二卷属：条纹十二卷、玉露，角殿属：大苍角殿，

沙鱼掌属：子宝、虎之卷

景天科青锁龙属：绿塔、都星，景天属：铭月、玉珠帘，银

波锦属：沙珊瑚、熊童子

番杏科生石花属：生石花、花纹玉，肉锥花属：少将，对叶

花属：帝玉、青鸾，舌叶花属：宝绿

夏季养护技巧

夏季高温多雨，有些多肉植物虽喜阳光，但忌湿、不宜曝晒，在这样的情况下，它们该怎样安然度过夏季呢？下面就简单介绍一下多肉植物的夏季养护技巧。

夏型植物

光照：夏季是夏型植物的生长期，因此，必须保证充足的光照，但当室外温度超过 35℃时，就要尽量避开阳光直射。

温度：虽然这些植物大多生长在热带、亚热带地区，但是如果夏季持续高温，就会造成空气流通不畅，进而导致植物生长缓慢，所以要避开高温曝晒，将其放在通风的地方。

浇水：生长期的植物一般需要充足的水分，所以夏季也要对夏型植物适当浇水，但浇水时间与其他季节不同，要避开午后，选择清晨或傍晚温度不高的时候，浇水时也要避开叶子。

冬型植物

光照：夏季时，冬型植物基本处于休眠状态，对光照的需求不大。因此，要避免太阳直射，将其放在西南方位光线不强且通风的地方。

温度：室外温度超过 35℃时，要将多肉植物放回屋内，并开窗使空气流通，也可在花盆中放入白色石子，反射阳光的同时，降低温度。

浇水：对于冬型植物来说，夏季要尽量少浇水，高温时可以停止浇水，如果浇水注意只让植物周边的盆土稍湿润即可，沾到叶片上的水要及时吹干。

不管对于哪种类型的多肉植物，夏季通风、遮阳、避水，都是需要注意的。

冬季养护技巧

　　冬季大多数多肉植物都处在休眠状态，那么，它们该怎样安然度过寒冷的冬天呢？

夏型植物

　　光照：夏型植物大多喜阳光，需要有充足的光照。冬季，可在晴天的午后，把这些多肉植物放到室外晒太阳，傍晚时再重新搬回室内，以保证其生长所需的光照。

　　温度：多数多肉植物都耐旱不耐寒，温度过低可能会导致植株冻死，所以在冬季，要尽量把这些植物放入室内养殖，有些植株较大的可在温室养殖。

　　浇水：冬季是夏型植物的休眠期，要尽量少浇水或停止浇水，以免造成植物根部腐烂。

冬型植物

　　光照：一些冬型植物喜阴凉的环境或耐寒性较强，对光照没有过多的需求，利用室内灯光也能满足其对光照的需求。

　　温度：有些冬型植物耐寒性比夏型植物要好，基本上温度保持在10℃左右就能安然越冬。

　　浇水：冬型植物在冬天处于生长期，需要足够的水分，因此，要定期浇水。因为冬季温度较低，所以，浇水不能过度，以免冻坏植物的根部。

Part 2
常见
多肉植物

目前已发现的多肉植物种类达上万种，
常见的大约有 5000 种，
本章选取其中最为常见的 100 多种，
对其别名、科属、产地、花期、特性、
栽培方法等作详细介绍。

虹之玉

　　常绿亚灌木，叶片为肉质椭圆形，长约 1 厘米。秋冬季节，部分叶片转为鲜红色，叶尖处略呈透明，叶片红绿相间。

别名：耳坠草、玉米石
科属：景天科景天属
产地：墨西哥
花期：冬季

栽培方法

种植：盆装肥沃园土和粗沙的混合土。准备直径 12 ～ 15 厘米的花盆。

施肥：生长期每月施肥 1 次，用稀释的饼肥水或 15-15-30 的盆花专用肥。

浇水：刚栽后不宜浇太多水，生长期保持盆土稍微湿润即可，冬季则减少浇水。

温度：适宜生长温度为 13 ～ 18℃，冬季温度不低于 5℃。

光照：喜欢光照，可经受强光照射，夏季也不必遮阴。

会遭遇病虫害吗？

　　病虫害较少，不过有时会因为通风不好，可能引发叶斑病和茎腐病。因此，预防工作就要从改善通风做起，同时要避免过度浇水，并用内吸性杀菌剂进行防治。

姬星美人

多年生小型多肉植物，植株高度为 5 ~ 10 厘米，茎上多枝丫。叶片互生，为倒卵形，密集呈膨大状。深绿色的叶片，在阳光照射之下像翡翠一样有光泽。花朵为淡粉白色。

别名：无
科属：景天科景天属
产地：北非、西亚
花期：春季

栽培方法

种植： 要求土壤有足够的透气性，可选择沙土、煤渣、泥炭土等混合，加入肥沃园土和粗沙的混合土，再加入适量的腐叶土和骨粉。每年春季换盆 1 次。

施肥： 生长期每月施腐熟的稀薄液 1 次，夏季减少施肥量，冬季气温过低时应停止施肥。

浇水： 生长期每两周浇水 1 次，也可以以干透浇透为准。冬夏季保持盆土干燥，减少浇水次数和浇水量。

温度： 适宜生长温度为 13 ~ 23℃，冬季温度不能低于 5℃。

光照： 喜光，一般放在向阳的位置，但在夏季高温时，应放在阴凉处，避免强光照射。

出现病虫害怎么办？

如果病害为叶斑病和锈病，可以用 50% 的克菌丹稀释 800 倍之后喷洒。如果病害为蚜虫和介壳虫，用 50% 的螟松乳油稀释 1500 倍之后喷杀。

 小贴士

姬星美人虽然植株较小，但密集的叶片能带来浓浓的绿意，让人感受到生命的昂扬向上，尤其在阳光的照射下，叶片更加漂亮。它适合室内栽培，可吸收空气中的有害物质和粉尘。

小松绿

多年生肉质草本植物，群生。植株矮小，分支短，枝干嫩绿，肉茎上有一束褐红色的毛。肉质针叶长 1 厘米左右，密集聚生在枝梢先端。开黄色花。

别名：球松、多头景天
科属：景天科景天属
产地：阿尔及利亚
花期：春季

栽培方法

种植： 盆装腐叶土和粗沙的混合土。准备直径 10 ~ 15 厘米的花盆，每 2 ~ 3 年于春季换盆、土 1 次。

施肥： 生长期施 3 ~ 4 次的稀释饼肥水或 15-15-30 的盆花专用肥，冬季休眠期不施肥。

浇水： 生长期保持盆土稍湿润；夏季高温时，可向周围喷雾，并在盆土彻底干燥之后浇水；秋冬季保持盆土干燥。

温度： 适宜生长温度为 18 ~ 27℃，冬季温度不能低于 10℃。

光照： 喜欢阳光充足的环境，适合放在阳台等向阳处，但夏季需注意遮阴。

如何繁殖？

最适宜用扦插的方式繁殖，春、夏、秋季皆可进行。剪取 3 ~ 5 厘米的顶端短枝，通风晾干，插入纱窗，两周左右即可生根，生根一周后可移植盆栽。

小贴士

小松绿苍翠欲滴，适合布置在岩石园作地被植物，也可作家用盆栽，摆放在书桌、窗台等处，小巧玲珑，为居室增添些许生机。

小玉珠帘

多年生肉质常绿灌木，群生，易从基部长出新的分枝。叶子呈莲座状对称排列，触土即生根，黄绿色，整齐排列的叶子就像是动物的尾巴，因此被称为"松鼠尾"。开深红紫色的花朵，花序犹如伞状排开。

别名：圆叶翡翠景天
科属：景天科景天属
产地：墨西哥
花期：夏季

栽培方法

种植：盆装排水性好的沙壤土。准备直径 15 ～ 20 厘米的花盆，每年春季换盆、土 1 次。

施肥：生长期施 2 ～ 3 次腐熟的稀薄肥液，夏冬季不施肥。

浇水：生长期定期浇水，冬季则不宜浇太多水，保持盆土干燥。

温度：适宜生长温度为 15 ～ 20℃，冬季温度不能低于 10℃。

光照：喜欢温暖的环境，需要充足的光照。

繁殖方法

可用播种和扦插两种方法繁殖，因为播种繁殖比较慢，一般采用扦插法。扦插要在夏季进行，剪切时，把顶芽下部的叶片清理下，让其露出茎部，然后再插入盆土中即可。叶子易脱落，发芽率也很高，故也可直接利用叶子扦插。

黄丽

多年生肉质草本植物。植株较小，高10厘米左右，有短茎。叶片肉质肥厚，匙形，平整光滑，先端渐尖，呈莲座状松散排列。叶黄绿色，表面有蜡质，光照充足时，叶缘泛红。聚伞花序，花小，单瓣，浅黄色，较少开花。

别名：宝石花
科属：景天科景天属
产地：墨西哥
花期：夏季

栽培方法

种植： 适宜疏松、透气透水性较好的土壤，可选择泥炭土、培养土和粗沙的混合土来栽培。

施肥： 施肥较少，每月施稀释的液体肥1次，肥水切忌接触到肉质叶片。

浇水： 在盆土全部干燥或干透后，再浇透水，浇水时要防止积水，也注意不要喷到叶片及茎部，以防叶片因水湿而腐烂。

温度： 适宜生长温度为15～28℃。

光照： 喜光，但也耐半阴。

养护需要注意什么？

夏季温度若超过30℃，就要做好通风及遮阴工作，浇水量也要减少，以维持植株正常生长为度。若冬季温度低于5℃，就要停止浇水或浇入少量水。如果温度持续下降，就要将其移入向阳的室内进行养护。

天使之泪

多年生肉质草本植物。茎直立生长，肉质，多分枝。叶片肉质肥厚，倒卵形，密生于枝干的顶端。叶色为翠绿至嫩黄绿，阳光充足时，叶片呈现嫩黄色，表面被一层薄薄的白粉。花簇状，数量多，黄色，有6瓣。

别名：圆叶八千代
科属：景天科景天属
产地：墨西哥
花期：秋季

栽培方法

种植： 适宜疏松、透气、排水良好的土壤，并要求有较粗的颗粒，可用赤玉土加腐殖土或腐叶土、草炭土，并加少量的骨粉等石灰质材料。

施肥： 因其生长缓慢，可将颗粒状缓释肥放在土壤表面，让它慢慢吸收。

浇水： 要掌握"不干不浇、干透浇透"的浇水原则，切忌盆内积水。

温度： 适宜生长温度为10~32℃。

光照： 喜光，但盛夏时应适当遮阴。

浇水需要注意什么？

叶片含水量较多，比较耐干旱，夏季应节制浇水，否则浇水太多可能会导致叶片掉落。冬季在气温低于5℃时，则更应该控制浇水，如果在养殖的过程中，不能掌握浇水的节奏，可以等到叶片稍微有点干瘪时再浇水。

乙女心

　　灌木状肉质植物。植株中小型，有短茎，枝干嫩绿。叶片肉质肥厚，呈圆柱状，长 3 ～ 4 厘米，簇生于枝干顶端。叶片总体呈浅绿或淡灰蓝色，新叶色浅、老叶色深，被细微白粉，阳光充足时，叶色变粉红至深红。花黄色，较小。

别名：无
科属：景天科景天属
产地：墨西哥
花期：春季

栽培方法

种植： 适宜肥沃、疏松、透气性好的土壤。
施肥： 秋季可施肥 1 ～ 2 次，需控制氮肥用量。
浇水： 见干浇水，夏季少浇水。
温度： 适宜生长温度为 13 ～ 23℃。
光照： 喜光，光照要充足。

浇水时需要注意什么？

　　夏季会进入休眠期，这时要控制浇水量；到 9 月中旬天气开始变凉爽之后，逐渐恢复浇水；冬季温度若低于 0℃就要停止浇水，以免发生冻伤；进入春季，温度逐渐升高，可恢复正常浇水量。

 小贴士

　　乙女心株型、颜色俱佳，有很高的观赏价值，可以将其放在书桌电脑旁，达到吸收辐射的目的，也可以放在新装修的房间内，以净化空气。

千佛手

多年生肉质植物。株高 15 ~ 20 厘米，易群生。叶片肉质肥厚，椭圆披针形，先端较尖。叶表面光滑，青绿色，微微向内弯。聚伞花序，星状，花黄色。

别名：王玉珠帘、菊丸
科属：景天科景天属
产地：墨西哥
花期：春夏季

栽培方法

种植： 喜疏松、肥沃、排水良好的酸性土壤，盆土要用质地疏松的沙土与红黄壤土，加入适量的腐熟有机肥混合而成。盆土可用 60% 的粗沙、20% 的腐熟有机肥、20% 的田间土进行配制。

施肥： 生长期每月施薄肥 1 次。

浇水： 依照干透浇透的原则，每月浇水 1 ~ 2 次。

温度： 适宜生长温度为 18 ~ 25℃，冬季温度不能低于 5℃。

光照： 喜光，盛夏适当遮阴。

浇水时需要注意什么？

要想成功种好千佛手，浇水是很关键的一步。刚种植好的千佛手要浇透水，以后的浇水量以保持盆土湿润为原则，避免出现积水。夏季温度较高时，可以在植株周围喷水；秋季的浇水量要随着温度的降低逐渐减少；冬季要避免盆土过湿或过干，保持盆土湿润即可。

 小贴士

千佛手呈现出亮眼的碧绿色，美观、大方、可爱，很适合作盆栽，摆放在客厅、办公室等场合，既能美化环境，又可净化空气。

虹之玉锦

多年生肉质草本植物，是虹之玉的锦化品种。植株中小型，直立。株高可达 20 厘米左右，易群生。叶片肉质，轮生于枝干，圆筒形至卵形，呈延长的莲座状排列。叶心浅绿色，叶片上部为粉嫩的红色，间有白色。聚伞花序，花星状，淡黄色。

别名：无
科属：景天科景天属
产地：墨西哥
花期：夏季

栽培方法

种植：宜选用质地疏松，排水、透气性良好的沙壤土。
施肥：生长期每 20 天左右施肥 1 次。
浇水：生长期每月浇水两次。
温度：最低生长温度为 10℃。
光照：喜光，夏季应适当遮阴。

繁殖需要注意什么？

可采取枝插或叶插的繁殖方式，以叶插最好。在生长季节，从健壮的植株上切取叶片，放在阳光直射不到的阴凉处晾干，然后植入沙盆中，浇入少量水，以利于其生根。在根系长到约 2 厘米长时，就可以移入花盆中了。

新玉缀

叶片长约1.5厘米，不弯曲，叶端呈圆形。叶表覆有一层白粉，因此浇水时要特别注意，以免其因触碰而脱落。新玉缀的叶片会长得很长，逐渐将枝条包裹在内，而成为螺旋状。

别名：维州景天
科属：景天科景天属
产地：墨西哥
花期：春季

栽培方法

种植： 喜欢排水良好的土壤，盆土用粗沙和培养土按 1：1 的比例混合，或用培养土、蛭石、粗沙按 2：1：1 的比例混合，还可以直接用仙人掌专用土。

施肥： 不宜施氮肥，每月可施淡淡的液态钾肥和磷肥 1 次。

浇水： 每隔一个月左右浇透水 1 次，以花盆底孔开始滴水为准，但注意盆底不可积水。

温度： 适宜生长温度为 10 ~ 32℃。

光照： 喜光，尤其喜欢昼夜温差大的环境。

养护需要注意什么？

如果温度低于 4℃或高于 33℃，就会休眠。如果是夏季，这时要特别注意保持良好的通风，光照较强时，注意适当遮阴；如果在冬季就应把它移到室内有阳光处避寒，同时要减少浇水。

玉米石

多年生肉质草本植物，株型小巧，叶互生，呈卵形或圆筒形，先端钝圆，较膨大。叶表光滑，颜色为明亮的翠绿色。伞形花序向下垂坠，开白色花。

别名：白花景天
科属：景天科景天属
产地：欧洲、西亚和北非
花期：6～8月

栽培方法

种植： 适宜排水良好的沙质壤土，可用2份沙壤土、1份河沙、1份腐叶土和1份碎石混合均匀后配制。每1～2年的春季换盆1次。

施肥： 不宜施太多肥料，每月施肥1次，要注意磷钾肥的配合，不要单纯施用氮肥，一般秋季增施磷、钾肥，冬季停肥。

浇水： 不耐水湿，要防止盆土过湿，冬季则更应该注意控制浇水。

温度： 稍耐寒，能耐 -5～0℃的低温。

光照： 喜阳光充足的环境，但也耐半阴。

对光照有什么要求？

对光照的要求很高，除了夏季高温时需要遮阴外，其余时间都要有良好的光照。如果长期生长在光照充足的环境中，叶片就会变成紫红色，如果长期生长在较阴的环境中，叶片则会变为翠绿色。因此，冬天要将其移入光线充足的室内进行养护，并保持室温在10℃以上。

垂盆草

多年生草本植物。叶片倒披针形，簇状匍匐生长，为鲜绿色。伞状花序，开淡黄色小花，花瓣为5瓣。它生长速度较快，具有较强的环境适应能力，一般12月枯萎，来年3月返青。

别名：鼠牙半枝莲
科属：景天科景天属
产地：中国
花期：夏季

栽培方法

种植：盆土用腐叶土、花园土、沙壤土、沙砾皆可。选用直径10～15厘米的花盆。

施肥：每月施1次有机肥，不用追肥。冬季枯萎之后停止施肥，春季返青之前施1次肥即可。

浇水：耐湿，也耐干旱，可每两周浇1次水。

温度：适宜生长温度为15～25℃，温度5℃以上可安全越冬。

光照：对光照要求不高，适应能力强。

有哪些药用功效？

第一，可治疗烫伤以及肿胀的创面；第二，可治疗毒蛇咬伤；第三，可治疗肝炎，同时对于胃口不好和小便赤黄也有功效；第四，可辅助治疗白血病、鼻咽癌、肝癌等。

 小贴士

垂盆草不需要付出过多的精力照料，也无需修剪，可作盆栽，放在室内、阳台等处，起美化环境和净化空气的作用。此外，它还具有一定的药用价值，可清火消炎、缓解咽喉肿痛、解蛇毒等。

佛甲草

多年生肉质草本植物，茎高为 10 ~ 20 厘米，鲜绿色，茎表皮为角质层，可预防水分蒸发。叶片呈线形，长 2.0 ~ 2.5 厘米，一般为三叶轮生。聚伞花序，开黄色小花，花生于顶部。

别名：半支连、万年草
科属：景天科景天属
产地：中国
花期：春季

栽培方法

种植：对土壤要求不高，保持疏松即可，可选择阴天或雨后播种。

施肥：每两个月施 1 次有机肥，春季发芽时可追肥 1 次。

浇水：种植初期，保持土壤湿润即可。

温度：对温度要求不高，比较耐寒，冬季温度不低于 10℃ 就能正常生长。

光照：喜阴凉、湿润的环境，适应能力较强，在阳光充足的地方，其叶片为黄绿色，若移到稍阴暗的地方，叶片就会变成深绿色。

有哪些神奇功效吗？

性甘味寒，有清热、消肿、解毒的作用，可以入药，具有很大的药用价值。此外，它还具有很高的园林绿化价值，成本较低，容易栽植，对气候条件要求较低，能广泛栽种，可美化环境、调节温度、净化空气。

大和锦

多年生肉质草本植物，植株矮小。叶片肉质，互生，三角状卵形，全缘，排成紧密的莲座状。叶色灰绿，叶面有红褐色斑点。总状花序，高约 30 厘米，花红色，上部黄色。

别名：彩色石莲
科属：景天科石莲花属
产地：墨西哥
花期：初夏

栽培方法

种植： 配土应选择透气排水性良好的土壤，可用泥炭土、颗粒土按 1∶1 的比例配置，也可用煤渣混合泥炭、少量珍珠岩按 5∶4∶1 的比例配置。

施肥： 每月施腐熟的稀薄液肥 1 次，夏季高温时要停止施肥。

浇水： 耐旱，但如果生长期有充足的水分，可以长得更强壮。

温度： 最低生长温度为 5℃。

光照： 喜光，但盛夏时节应适当遮阴。

养护需要注意什么？

喜欢温暖、通风良好的环境，一般来说，光线越好，它的色彩和形状越漂亮，尤其是在生长期。大和锦的生长期为每年的 9 月至次年的 6 月，这期间如果不能给予充足的光照，就会使其叶片徒长，叶片边缘的红色也会逐渐褪去，而在光照充足的环境下生长的植株，叶片就会排列紧实，株型矮壮。

黑王子

　　多年生草本植物，叶片紫黑色，紧密生长如莲座状。叶片形状为长勺状，比较肥厚，表面光滑，顶部尖锐。花序为聚伞状，花朵红色或紫色。有时根部会长出幼苗。

别名：紫叶石莲花
科属：景天科石莲花属
产地：非洲和美洲
花期：7 ~ 10月

栽培方法

种植： 适宜肥沃、排水效果良好的土壤，盆土可选择用腐叶土、花园土、粗沙、蛭石制成的混合土，最好再加入一些草木灰和骨粉。选择直径 8 ~ 10 厘米的花盆，每年或者每两年换盆、土 1 次。

施肥： 每两周施 1 次稀薄液。冬季温度如果低于 10℃，则应减少施肥量，延长施肥周期。

浇水： 生长期每两周浇水 1 次。夏季减少浇水量，冬季温度低于 10℃ 时停止浇水。

温度： 适宜生长温度为 15 ~ 25℃，冬季温度低于 10℃ 时，会停止生长。

光照： 喜欢阳光充足的环境，在室内，应放在向阳的位置。

一年四季都喜欢阳光吗？

　　喜欢温暖、阳光充足的环境，但是在夏季却有一个短暂的休眠期，在这个时期，应该将它放置于阴凉且通风的环境中养护。黑王子不仅在夏季高温时会休眠，冬季如果气温低于 10℃，也会休眠并停止生长，因此，冬季应该将其放置于温暖的地方。

吉娃莲

小型多肉植物，呈莲座状，没有茎部。叶片呈卵形，并带小尖，被厚厚的白粉，整体呈蓝绿色，叶缘则呈深粉红色。钟状花序，高约 20 厘米，其顶端呈弯曲状，开红色花。

别名：吉娃娃
科属：景天科石莲花属
产地：墨西哥
花期：夏初

栽培方法

种植： 盆装腐叶土、培养土和粗沙的混合土。准备直径 10 ~ 12 厘米的花盆，每年春季换盆、土 1 次。

施肥： 生长期每月施肥 1 次，用腐熟的肥饼水或 15-15-30 的盆花专用肥。注意避免肥料淋洒在叶片上，否则容易腐烂。

浇水： 生长期保持盆土稍微湿润即可，夏季为半休眠期，要注意减少浇水量，冬季也要少浇水，保持盆土干燥即可。

温度： 适宜生长温度为 20 ~ 25℃，冬季温度不能低于 4℃。

光照： 喜欢阳光充足的环境，但夏季需遮阴 50%。

如何繁殖?

有盆播和扦插两种繁殖方式。早春适合盆播，夏季则适宜扦插，可剪取壮实叶，平放或插入土中，两周左右即可生根，但生长较慢，需要较长时间才能长成独立的植株。

小贴士

吉娃莲的观赏性很强，而且还很容易养殖，适合一般家庭种植，放在室内，其小巧玲珑的身姿可起到点缀环境的作用，放在室外，也可美化环境。

锦晃星

多年生肉质草本植物，茎为圆形，表皮有绒毛，为红棕色。叶片互生，呈倒披针形，整体则呈莲座状。气温低且光照充足的时候，叶片上部为红色。花序为穗状，花朵为钟形。

别名：金晃星
科属：景天科石莲花属
产地：墨西哥
花期：冬季或早春

栽培方法

种植：适宜疏松、排水性能良好的土壤，盆土选择腐叶土、花园土和粗沙，加入少量的草木灰和骨粉。选择直径 8 ~ 12 厘米的花盆，每年春季换盆、土 1 次。

施肥：每两周施 1 次稀薄液肥，应以低氮肥、高磷、高钾的肥料为主。

浇水：春秋季每两周浇水 1 次；盛夏高温时应减少浇水次数；冬季温度过低时应停止浇水。

温度：适宜生长温度为 15 ~ 25℃，冬季温度不能低于 8℃。

光照：喜欢阳光充足的环境，但夏季应避免强光照射，冬季则需放在阳光充足的地方。

叶片为什么会有红色呢?

叶片边缘有时候会出现一缕红色，那是叶片光合作用的结果，如果放置在阴凉没有光照的环境中，叶片上的红色会渐渐地消失。因此，保证充足的光照不仅能够帮助其生长，还能够让叶片上的红色更炫目、更艳丽。

锦司晃

多年生肉质草本植物，丛生，绿色。叶片互生，为莲座状。叶片根部狭窄，顶端为卵形，叶面上有密布的白毛。花序高度达 20 ～ 30 厘米，花朵较小，颜色为黄红色。

别名：多毛石莲花
科属：景天科石莲花属
产地：墨西哥
花期：早春

栽培方法

种植： 盆土以花园土为主，适量放入一些腐叶土和粗沙。选择直径 8 ～ 15 厘米的花盆，每年春季换盆、土 1 次。

施肥： 每半个月施 1 次稀薄液肥。冬季气温低时，应停止施肥；夏季应减少施肥量和施肥次数；春季可追肥 1 次。

浇水： 每两周浇水 1 次。夏季应减少浇水的次数和量；冬季应保持盆土干燥。

温度： 适宜生长温度为 15 ～ 25℃，冬季温度不能低于 8℃。

光照： 喜欢阳光充足的环境，但夏季应避免强光照射，冬季则应置于阳光充足的环境中。

为什么夏季和冬季要减少浇水呢？

春秋季节生长期，浇水要保证其充足的水分摄入。夏季空气湿润，如果浇水过多容易引起根部腐烂，导致植株死亡，冬季也是如此。因而在冬夏季节，应节制浇水，保持盆土干燥。

女王花笠

多年生肉质草本植物，植株健壮，按莲座状排列。叶片宽厚，呈圆形，叶缘呈波状红色或红褐色，有褶皱，如大波浪的舞裙。叶色为翠绿至红褐色，新叶的颜色较浅，老叶的颜色较深。聚伞花序，开淡黄红色花。

别名：扇贝石莲花
科属：景天科石莲花属
产地：墨西哥
花期：夏季

栽培方法

种植：盆装泥炭土和粗沙的混合土，可加少量骨粉。准备直径 15 ～ 20 厘米的花盆，每年春季换盆、土 1 次。

施肥：生长期每月施肥 1 次，可用稀释的饼肥水或 15-15-30 的盆花专用肥。

浇水：生长期每周浇水 1 次，保持盆土湿润；冬季休眠期，浇水一两次即可，要保持盆土干燥。

温度：适宜生长温度为 18 ～ 25℃，冬季温度不能低于 10℃。

光照：喜欢阳光充足的环境，但夏季需遮阴 50%。

怎样繁殖?

有播种、扦插和分株三种繁殖方式。春季播种，春末可剪取成熟的叶片扦插于纱窗上，3 周左右可生根，幼株移植花盆即可。分株一般在春季进行，用母株基部的子株。

玉蝶

多年生肉质草本植物，茎株较短，易产生分枝。叶子呈莲座状分布，整齐的叶子呈漏斗状，稍薄，表面是浅绿或者蓝绿色，上面分布着白色粉状物或蜡质层。开红色小花，花顶略带黄色。

别名：石莲花、宝石花
科属：景天科石莲花属
产地：墨西哥伊达尔戈州
花期：6～8月

栽培方法

种植： 盆装腐殖质含量高的沙壤土。准备直径 18～22 厘米的花盆，每 1～2 年的春季或秋季换盆、土 1 次。

施肥： 生长期每 20 天施 1 次腐熟的稀薄液肥或低氮、高磷钾的复合肥，其他季节可不施肥。

浇水： 盆土干燥时再浇水，夏季则需季保持盆土稍干燥。

温度： 适宜生长温度为 18～25℃，冬季温度不能低于 10℃。

光照： 喜欢温暖干燥的环境，需要充足的光照。

在养殖过程中应注意哪些事项？

一般用扦插的方法繁殖，可直接从玉蝶枝茎的小分枝上剪切下来扦插，如果剪切下来的枝茎较粗壮，要晾一两天再进行扦插，扦插后保持盆土湿润，但忌积水。

月影

多年生肉质草本植物，没有枝茎。叶片呈莲座状紧凑排列，叶子上有白色粉状物质，让蓝绿色的叶子看起来较为暗淡，叶子的边缘略有红色。开黄色的铃状花。

别名：美丽石莲花
科属：景天科石莲花属
产地：墨西哥伊达尔戈州
花期：夏季

栽培方法

种植：盆装腐叶土和粗沙、园土的混合土。准备直径 12 ~ 18 厘米的花盆，每年早春换盆、土 1 次。

施肥：生长期每月施 15-15-30 的盆花专用肥 1 次，但切忌洒到叶子上。

浇水：保持盆土干燥，只在叶面上喷水。

温度：适宜生长温度为 18 ~ 25℃，冬季温度不能低于 5℃。

光照：喜欢温暖干燥的环境，需要充足的光照。

会遇到哪些病虫害？

在生长期，经常会出现锈病、叶斑病和根结线虫，用稀释过的百菌清可湿性粉剂 800 倍液喷洒即可，当发现有黑象甲危害时，可用 25% 噻嗪酮可湿性粉剂 1500 倍液杀虫。

 小贴士

月影状似莲花，叶子肥厚，长得也比较紧凑，可作为盆栽来装饰居室，典雅别致。

红粉台阁

多年生肉质草本植物，鲁氏石莲花的园艺栽培品种。植株有短茎，株径可达 10 厘米左右。叶片肉质，呈倒卵形，叶端有圆钝的小尖，整体呈莲座状。叶色灰绿色，光照充足时呈现红褐色，被白粉。穗状花序，花小，钟形，橘色。

别名：粉红台阁
科属：景天科石莲花属
产地：墨西哥
花期：夏季

栽培方法

种植：盆装泥炭、煤渣、河沙等混合土，土表可铺上干净的浮石。准备直径 18 ～ 22 厘米的花盆，每 1 ～ 2 年换盆 1 次。

施肥：每季度施 1 次长效肥。

浇水：适量浇水，忌盆内积水；夏季温度超过 35℃时不浇水。

温度：适宜生长温度为 15 ～ 28℃。

光照：喜欢温暖的环境，需充足的光照。

冬季浇水需要注意什么？

为防止冻伤，冬季不宜浇水，但并不是整个冬季一点水都不浇，0℃以上可适当在根部浇水，但不可喷雾或给大水，因为如果叶心水分积存太久，容易引起腐烂。春季温度上升后，就可以逐渐恢复正常给水。

特玉莲

多年生肉质草本植物，是鲁氏石莲花的变种。叶片肉质，整体呈莲座状，基部为匙形；两侧边缘向下反卷，中间部分拱突；先端有小尖，向生长点内弯曲；叶背中央还有一条明显的沟；蓝绿至灰白色。拱形总状花序，花冠呈五边形，颜色为亮红橙色。

别名：特叶玉蝶
科属：景天科石莲花属
产地：美国加利福尼亚州
花期：春秋季

栽培方法

种植： 宜选用排水、透气性良好的沙质土壤，可用腐叶土、沙土和园土混合配制，也可适量添加河沙和煤渣。选盆时要选盆径比株径大 3 ~ 6 厘米的盆，每 1 ~ 2 年于春季换盆 1 次。

施肥： 每月施磷钾为主的薄肥 1 次。

浇水： 每 10 天左右浇水 1 次，每次浇透即可，忌浇水过多。

温度： 最低生长温度为 5℃。

光照： 喜光，日照需充足。

浇水需要注意什么？

水分含量较高，过度潮湿的环境，很容易使它腐烂。特玉莲在冬季气温低于 5℃时，应减少或停止浇水，待气温上升时再恢复正常浇水，这是因为气温在 5℃以下时，植株会停止生长或被轻度冻伤，在 0℃及以下时，植株中的水分会冻结细胞，使之坏死。

霜之朝

多年生肉质草本植物。叶片肥厚而光滑，呈扁长梭形，叶端较尖，叶缘呈圆弧状，叶背有棱线，叶面则凹陷；绿蓝色或灰绿色，被有白粉。总状花序，钟形，串状排列，花瓣有 5 瓣或 6 瓣。

别名：无
科属：景天科石莲花属
产地：墨西哥
花期：初夏

栽培方法

种植：宜用排水、透气性良好的沙质土壤，盆土可用泥炭、蛭石、珍珠岩各 1 份，并添加适量的骨粉，可以用园土和煤渣各 1 份，腐叶土和河沙各 3 份混匀后配制。每 1 ~ 2 年于春季换盆 1 次。

施肥：生长期每 20 天左右施肥 1 次。

浇水：每 10 天左右浇水 1 次，每次浇透，可根据不同地区的气候差异酌情增减浇水频率，切忌浇水过多。

温度：适宜生长温度为 15 ~ 25℃，冬季不低于 5℃，5℃以下停止生长或轻度冻伤，0℃及以下叶片中的水分会冻结，细胞会坏死。

光照：喜阳光，但夏季高温时要防止长时间曝晒，以免晒伤。

修剪需要注意什么？

需经常修剪；为了避免细菌滋生，要将干枯的老叶摘除；为了保持株型美观，如果植株徒长或过高，可通过修剪顶部来控制高度，而剪下的部分在晾干伤口后，还可扦插，只需插入微湿的沙质盆土即可生根。

八宝景天

多年生肉质草本植物，茎较粗壮，且直立生长，为中型植株，全株青白色。叶片呈倒卵状长圆形，先端圆钝，基部渐狭，叶缘呈波浪形，对生；灰绿色，叶面密被白粉。伞房花序，花白色或粉红色，花瓣有 5 瓣，为披针形。

别名： 华丽景天、八宝
科属： 景天科八宝属
产地： 中国东北
花期： 7～10月

栽培方法

种植： 栽培时宜选用排水透气性良好、无病虫害的土壤，它耐瘠薄，抗碱性强，在素沙土、沙坡土、轻黏土中均能正常生长。盆最好 2～3 年换 1 次。

施肥： 7～8 月间结合浇水，追施速效肥 2～3 次，要间隔施入。

浇水： 保持土壤湿润，忌积水，每次灌水和雨后，要适时松土除草。

温度： 适宜生长温度为 15～26℃。

光照： 喜光，过少的光照会引起茎段徒长，但也稍耐阴。

病虫害防治需要注意什么？

在土壤过湿的情况下，易发根腐病，因此，应及时排水或用药物防治。此外，它还易受蚜虫、介壳虫危害，蚜虫会诱发煤烟病，介壳虫会危害叶片，形成白色蜡粉，应经常检查，一旦发现就立即刮除虫害或用肥皂水冲洗叶片，如果情况严重，可用氧化乐果乳剂防治。

半球星乙女

在原产地长得较高，但人工栽植的一般比较矮小。它的根部枝丫向各个方向生长。叶片温润厚重，呈半球状环绕枝干，看起来像一串手工艺品，别致、新颖、精巧。叶片呈黄绿色，叶边有一圈红晕，花色为柠檬黄。

别名：半球乙女心
科属：景天科青锁龙属
产地：南非
花期：7 ~ 10月

栽培方法

种植：对土壤要求不高，一般的腐叶土配上花园土即可。选用直径 8 ~ 10 厘米的花盆栽种。

施肥：每半个月施 1 次复合肥。

浇水：每两周浇 1 次水，夏季要减少浇水量，其余时间保持正常。

温度：适宜生长温度为 18 ~ 24℃，冬季温度不能低于 10℃。

光照：喜光，在弱光下也能生存，但怕冷，适合在室内养护。

平时怎么打理?

老枝丫很容易中间干空，叶子萎缩，因此要经常修剪枝丫，这样既能保证其观赏性，还能避免枯枝腐烂影响健康枝叶的生长。

 小贴士

半球星乙女形状娇小，枝叶可爱、新颖、奇特，色彩别样，韵味无穷，令人称奇，比较适合作室内装饰，可摆放于案头、书桌的一角。

火祭

多年生肉质草本植物，丛生。植株呈四棱状，茎匍匐或直立。叶片肥厚，呈长圆形，交互对生，如果阳光充足，叶色为浅绿至鲜红色。聚伞花序，开黄白色花。

别名：秋火莲
科属：景天科青锁龙属
产地：非洲的东南部
花期：秋季

栽培方法

种植：盆装腐叶土、培养土和粗沙的混合土，可加少量骨粉。准备直径 10 ~ 12 厘米的花盆，每年春季换盆、土 1 次。

施肥：生长期每月施肥 1 次，可用稀释的饼肥水或 15-15-30 的盆花专用肥，冬季休眠期可不施肥。

浇水：生长期要保持盆土有潮气，夏季、冬季为休眠期，要减少浇水量，保持盆土略干燥。

温度：适宜生长温度为 18 ~ 24℃，冬季温度不能低于 8℃。

光照：喜欢光照，稍耐阴，但不能长时间放在隐蔽的环境中。

怎样一直保持红色呢?

叶片一般为灰绿色，观赏性稍差，但如果把它放在冷凉或强光的环境下，叶片的边缘则会慢慢变红，最后全株都会变为鲜红色。

小贴士

火祭色泽鲜艳，像火凤凰般妖艳，适合摆放在窗台、阳台、书桌或落地窗边，能使整个居室都充满生机和活力，尤其在冬季，还能营造出喜庆和温馨的氛围。

景天树

　　灌木状肉质植物，株高 1 ~ 3 米，茎的分枝较多。叶片肥厚，呈卵圆形，四季皆碧绿，叶缘为红色，长 3 ~ 5 厘米，宽 2.5 ~ 3 厘米。秋季至冬季开花，花径 2 毫米，花白色或淡粉色。

别名：燕子掌、玉树
科属：景天科青锁龙属
产地：南非
花期：秋冬季

栽培方法

种植： 盆装肥沃园土和粗沙的混合土，可加 5% 的骨粉。准备直径 10 ~ 15 厘米的花盆，每年春季换盆、土 1 次。

施肥： 生长期每月施肥 1 次，可用稀释的饼肥水或 15-15-30 的盆花专用肥，冬季休眠期可不施肥。

浇水： 生长期每周浇水 1 次，其他时候每 2 ~ 3 周浇水 1 次，保持盆土湿润，但不可过量浇水，且冬季休眠期，需保持盆土干燥。

温度： 适宜生长温度为 22 ~ 27℃，冬季温度不能低于 7℃。

光照： 喜欢偏阴的环境，避免强光曝晒。

会遭遇病虫害吗?

　　如果有炭疽病或叶斑病，可用 70% 的甲基托布津可湿性粉剂 1000 倍液喷洒；如果室内通风条件差，还易受到介壳虫危害，除保持通风，还要用 40% 的氧化乐果乳剂 1000 倍液喷杀。

钱串景天

多年生肉质草本植物，植株矮壮。肉质叶对生，浅绿色，无叶柄，叶片上下叠生，好似串在一起的钱币。开白色小花。

别名：舞乙女、星乙女
科属：景天科青锁龙属
产地：南非
花期：春季

栽培方法

种植： 盆装腐叶土、肥沃园土和粗沙的混合土。准备直径 10 ~ 15 厘米的花盆，每年春季换盆、土 1 次。

施肥： 生长期每月施肥 1 次，用稀释的饼肥水或 15-15-30 的盆花专用肥，冬季休眠期不施肥。

浇水： 生长期保持盆土稍湿润；夏季高温时，经常向叶片周围喷雾降温；冬季则保持盆土稍微干燥。

温度： 适宜生长温度为 18 ~ 24℃，冬季温度不能低于 10℃。

光照： 喜欢阳光充足的环境，光照不足会导致徒长，叶片之间距离拉长，植株松散。

怎么繁殖?

常采用扦插的方式繁殖。春末剪取顶端茎叶 3 ~ 5 厘米，放在通风处晾干切口，然后插入沙土，待长出新叶时可移至新盆中，也可剪取成熟的叶片扦插，只需摆放在潮湿的沙面上即可生根。

 小贴士

钱串景天像串起来的古代钱币，小巧可爱、色彩明丽，可作小型工艺盆栽，如果再配上奇石或搭配上其他植物，则更显其玲珑之姿，可装饰案头、窗台，给人以清新典雅之感。

茜之塔

多年生肉质草本植物，植株丛生，呈宝塔状排列，"茜之塔"由此得名。叶子密集对生，无柄，状如心形或长三角形，从基部到顶端逐渐变小，墨绿色。

別名：无
科属：景天科青锁龙属
产地：南非
花期：9 ~ 10 月

栽培方法

种植： 盆装园土、粗沙或蛭石、腐叶土。准备直径 18 ~ 22 厘米的花盆，每年春季换盆、土 1 次。

施肥： 每半个月施 1 次腐熟的稀薄肥液或者低氮、高磷钾的复合肥，但不宜过多。

浇水： 春秋季定期浇水，保持盆土湿润，而夏冬季则不宜浇太多水。

温度： 适宜生长温度为 18 ~ 24℃，冬季温度不能低于 5℃。

光照： 喜欢温暖的环境，需要充足的光照。

繁殖应注意哪些问题?

繁殖方法有分株和扦插。分株要在春季换盆时进行，从密集的植株上直接取出一小丛，直接移植即可。扦插可以选在生长期内，剪切比较粗壮的顶枝，注意带上 4 片以上的叶子，剪好之后插入沙土中即可，要保持盆土稍微湿润。

 小贴士

茜之塔浓绿的颜色，塔状的外形，给人一种清新之感，比较适合作小型盆栽，放置于书桌或窗台处，还可以摆在电脑桌边，就像一座宝塔形的工艺品，雅致而自然。

神刀

多年生肉质草本植物，植株矮壮、端正。叶片肥厚，形似镰刀或螺旋桨；互生，排列较紧密。开深红色花，开花后植株会老化。

别名：尖刀
科属：景天科青锁龙属
产地：南非
花期：夏末

栽培方法

种植： 盆装腐叶土、培养土和粗沙的混合土，可加入少量骨粉。准备直径 12 ~ 15 厘米的花盆，每两年于春季换盆、土 1 次。

施肥： 生长期每月施肥 1 次，用稀释的饼肥水或 15-15-30 的盆花通用肥，冬季休眠期不施肥。

浇水： 生长期保持盆土湿润，秋冬季则保持盆土干燥。

温度： 适宜生长温度为 15 ~ 25℃，冬季温度不能低于 10℃。

光照： 喜欢半阴的环境，一般需遮阴 50%。

怎样繁殖？

常用扦插和播种两种方式繁殖。夏初，可剪取肥壮、挺拔的叶片，晾干后，插入沙床，半个月后可生根；也可将叶片切成块状，晾干切口后，平放在湿润的沙土中。盆播则在春季操作即可。

小贴士

神刀的幼株可作赏叶植物点缀阳台、书桌或案几，翠绿诱人，惹人喜爱，成年植株则较为高大，可放在庭院中种植，增添院中绿意，待到开花时节，还会开出美丽醒目的深红色花朵，非常漂亮。

赤鬼城

多年生亚灌木植物，植株低矮，如果光照不足，易徒长。叶片肉质，呈狭窄的长三角形，对生，排列紧密，无叶柄，与基部相连，新叶为绿色，老叶为褐色或暗褐色，如果温差较大，则呈紫红色。开白色小花，簇状。

别名：无
科属：景天科青锁龙属
产地：南非
花期：秋季

栽培方法

种植：适宜排水透气好的土壤，可将煤渣、泥炭、蛭石、珍珠岩混合，土壤表面铺上颗粒状的天然河沙。
施肥：每月施稀薄液肥 1 次。
浇水：生长期一周左右浇 1 次水，浇透即可；夏冬季一个月浇 1 ~ 2 次水。
温度：适宜生长温度为 10 ~ 20℃。
光照：喜温暖、干燥和阳光充足的环境，也稍耐半阴，但曝晒，夏季要适当遮阳。

夏季浇水需要注意什么？

适宜在凉爽的环境中生长，夏季气温较高时，会短暂休眠，但时间不是很长，整个夏季都可给大水，一般在太阳下山两个小时后浇水。

 小贴士

赤鬼城株型美观、叶色艳丽，观赏价值较高，可作为办公室或家庭小型盆栽来装饰桌案、阳台、茶几等，别有风味，能为居室增添些许文艺气息。

小米星

多年生肉质草本植物，是舞乙女和爱星的杂交品种。植株小型，直立丛生，多分枝，茎肉质。叶片肉质，交互对生，卵圆状三角形，上下叠生，无叶柄，浅绿色，叶缘有少许红色。花白色，簇生，星状，花瓣 5 ～ 6 瓣。

别名：无
科属：景天科青锁龙属
产地：不详
花期：4 ～ 5 月

栽培方法

种植：可以选用以煤渣 5 份、泥炭土 4 份和珍珠岩 1 份进行混合配制的培养土，并可在土表铺一层小石子。

施肥：每 15 天施 1 次稀薄液肥。

浇水：生长期保持土壤湿润，避免积水，冬季基本断水，夏季高温时节制浇水，避免长期雨淋。

温度：最低生长温度为 5℃。

光照：喜光照，耐半阴，夏季注意适当遮光，避免曝晒。

养护需要注意什么？

一般采用砍头的方式繁殖，选取生长点完好的健康枝条，剪取 3 ～ 5 厘米长的小段，晾干切口便可插在配制好的土壤中，几天后即可浇少量水。砍头的繁殖方式既易成活，又可以给母株修型，且砍头后的部位会萌发新的生长点，还会长出新枝。

筒叶花月

多年生肉质灌木植物，分枝较多，茎呈圆柱状，较粗壮，表皮为灰褐色。叶片互生，呈圆筒状，簇生于茎或分枝顶端，长 4 ~ 5 厘米；鲜绿色，若光照不足，叶色会变浅，顶端微黄，冬季叶片截面的边缘为红色。星状花，淡粉白色。

別　名：玉树卷、马蹄红
科　属：景天科青锁龙属
产　地：南非
花　期：秋季

栽培方法

种植： 宜选用肥沃、疏松、透气性较好的酸性土，例如腐叶土或草炭土等，也可以使用自己配制的略呈酸性的土壤，但不可以使用黏重土壤。随着植株的生长，可几年换盆 1 次，盆径要比株径大 6 ~ 9 厘米。

施肥： 每月施 1 次全元素有机肥。

浇水： 浇呈弱酸性的水，盛夏时节则减少浇水。

温度： 最低生长温度为 5℃。

光照： 喜光，忌烈日曝晒。

养护需要注意什么？

尽管筒叶花月有排碱功能，但也不能长期生长在碱性土壤中，这样会使植株的生长停滞，叶片失去光泽，甚至死亡。此外，它喜光、不耐阴，也不能长时间处于阴暗的环境中，在半阴处虽能生长，但叶片会不饱满，株型会变得松散、不挺拔，从而导致观赏效果欠佳。

若绿

多年生肉质植物，是青锁龙的变种。植株高 30 厘米左右，肉质茎较细，多分枝，直立向上生长。叶片肉质，较小，鳞片状，在茎和分枝上排成 4 棱。叶片为绿色，如果光照充足，顶部的叶片会变红。花着生于叶腋部，筒状，淡黄绿色。

别名：鼠尾景天
科属：景天科青锁龙属
产地：纳米比亚
花期：春季

栽培方法

种植：盆土可用煤渣混合泥炭土、少量珍珠岩按 5 ：4 ：1 的比例配置。

施肥：每两个月施肥 1 次。

浇水：生长期需保持土壤湿润，避免积水。

温度：最低生长温度为 5℃。

光照：喜光，也耐半阴。

繁殖需要注意什么？

一般用砍头的方式繁殖，因为这样不仅可以保持母株的造型，而且砍下的部分晾干后，可直接扦插在干的颗粒土中，只需几天后给少量水即可。

 小贴士

如果日照充足，若绿的顶部叶片会稍变红，其余时候则呈绿色。虽然它的生长速度很快，能快速遮住空白地方，但因为它的色彩单调，因此，不适宜单独盆栽，一般用于组合盆栽，如果选择较好的盆器，搭配起来会很美观。

长寿花

四季常绿植物，单叶相对互生。叶片呈椭圆形，边缘呈锯齿状。叶片绿色，边缘呈红色。花序的顶端聚集花朵，呈伞状。花朵颜色分别有橘红、绯红和粉红。

别名：寿星花、假川莲
科属：景天科伽蓝菜属
产地：东非
花期：冬季

栽培方法

种植：选择肥沃的沙砾土或者疏松的沙壤土。用直径 10 ~ 15 厘米的花盆。

施肥：每半个月施 1 次富含磷的稀薄液肥，开花之前可追 1 次肥。

浇水：每 3 天浇 1 次水，保持盆土湿润，但生长期应减少浇水次数。

温度：适宜生长温度为 15 ~ 25℃，冬季最好保持温度在 5℃以上。

光照：性喜阳光，但夏季要避免强光直射，否则叶片会变黄。

为什么需要摘心？

在栽培过程中，为了避免生长过快，在生长期，一般要摘心一到两次，这样分枝才会茂盛，开花也会比较繁茂一些。

 小贴士

长寿花为常绿多年生植物，象征着欣欣向荣和长寿安康，适合作室内景观摆放，尤其是在过年的时候，摆放在客厅卧室、书房等处，不仅绿意盎然，而且花开枝头，煞是喜人。

大叶落地生根

多年生肉质草本植物，叶片肥厚多汁，叶片边缘有整齐美观的不定芽，状若蝴蝶飞落于地，一经着地，便扎根繁殖，繁殖力很强。

别名：花蝴蝶、不死鸟
科属：景天科伽蓝菜属
产地：马达加斯加
花期：冬季

栽培方法

种植： 盆装腐叶土和粗沙的混合土。准备直径 15～20 厘米的花盆，每年春天换盆、土 1 次。

施肥： 每月施肥 1 次即可，用稀释的肥饼水或 15-15-30 的盆花专用肥。

浇水： 勤浇水，保持盆土湿润但又不至于积水。秋季来临，气温下降，可减少浇水；冬季为花期，注意要适当浇水，避免水过量受寒。

温度： 适宜生长温度为 13～19℃，冬季温度不能低于 7℃。

光照： 喜欢阳光充足的环境，但在夏天要遮阴 40%。

怎样繁殖？

叶片缺刻处的不定芽一旦着地，便开始生根繁衍后代，非常有趣，因此得名"大叶落地生根"。此外，也可以用扦插的方式繁殖，成活率极高。

 小贴士

大叶落地生根常作盆栽，可绿化窗台，也可点缀书房、客厅和卧室，南方地区也将大叶落地生根种植在小庭院内点缀环境。

江户紫

灌木状直立生长植物，基部有分枝。叶片肥厚，被白粉，上有红褐至紫褐色斑点或晕纹，呈倒卵形，交互对生，无柄，叶缘有不规则的波状齿。开白色花。

别名：花叶川莲
科属：景天科伽蓝菜属
产地：非洲
花期：春季

栽培方法

种植：选盆装腐叶土、培养土和粗沙的混合土。准备直径 12 ～ 15 厘米的花盆，每年春季换盆、土 1 次。

施肥：生长期每月施肥 1 次，用稀释的饼肥饼水或 15-15-30 的盆花专用肥。

浇水：生长期保持盆土稍微湿润；夏季高温时可向叶面喷雾；冬季休眠期，控制浇水，保持盆土稍微干燥。

温度：适宜生长温度为 18 ～ 23℃，冬季温度不能低于 10℃。

光照：喜欢阳光充足的环境，但夏季需遮阴 50%。

怎样繁殖？

扦插是主要繁殖方式，在生长期内剪取顶端成熟的枝，通风晾干后，插入土中，一周之后可生根，也可剪取肥厚的叶片平铺或斜放于土中，喷雾保湿，半月左右可生根，待基部长出不定芽后移至盆栽。

 小贴士

江户紫的绿色叶面上充满了紫褐色斑点，好像一块调色板，可作盆栽，摆放在书房、客厅、卧室，也可作大型植株用来布置植物园、温室，典雅高贵。

趣情莲

多年生肉质草本植物，叶卵形对生，叶缘有锯齿。叶片灰绿，略带红色，叶缘红色。花葶从叶腋处抽出，开悬垂的铃状花，而叶腋处的匍匐枝会长出不定芽，可发育成有根的新植株。

别名：趣蝶莲
科属：景天科伽蓝菜属
产地：马达加斯加
花期：春季

栽培方法

种植： 盆装腐叶土和粗沙的混合土，可加少量骨粉。准备直径 15 ~ 20 厘米的花盆，每年春季换盆、土 1 次。

施肥： 生长期每月施肥 1 次，可用稀释的饼肥水或 15-15-30 的盆花专用肥。

浇水： 生长期每月浇水 1 次，保持盆土湿润；夏季高温，可减少浇水，向叶面喷洒即可；冬季休眠期要保持盆土稍干燥。

温度： 适宜生长温度为 18 ~ 25℃；冬季温度不能低于 10℃。

光照： 喜欢阳光充足的环境，夏季应遮阴 50%，但遮阴时间过长又会导致叶片柔软变形，因此，要把握遮阴的"度"。

怎样繁殖?

繁殖方式有分株和扦插。分株是将趣情莲匍匐枝顶端的不定芽剪下，然后放在盆土中，可全年进行；扦插则可在 5 ~ 6 月进行，切下成熟叶片，通风晾干，插入沙土，一个月左右即可生根。

唐印

　　多年生肉质草本植物，茎部粗大，多分枝，枝体灰白。叶子呈倒卵形对称状，紧密排列，黄绿色或淡绿色。叶片上生有很厚的白色粉末，颜色看起来有些发灰。开黄色的筒形小花。

别名：牛舌洋吊钟
科属：景天科伽蓝菜属
产地：南非
花期：夏季

栽培方法

种植：盆装沙壤土。准备直径 15 ～ 20 厘米的花盆，每年春季换盆、土 1 次。
施肥：每 10 天施 1 次腐熟的薄肥。
浇水：生长期多浇水，保持盆土湿润，但夏冬季要控制浇水。
温度：适宜生长温度为 15 ～ 20℃，冬季温度不能低于 3℃。
光照：喜欢温暖的环境，需要充足的光照。

繁殖方法有哪些？

　　繁殖要在生长期内进行，可扦插、穿插、叶插或者直接插穗，一般常用的是扦插法，需要注意的是，不要用刚剪切掉的插穗直接种植，要晾上一两天再种植，同时刚插好的茎部也不宜淋雨，保持微微潮湿即可。

 小贴士

　　唐印外形漂亮，叶大而美，是多肉植物的盆栽佳品，可用来装饰客厅或书房，还可加工成盆景布置温室花房。

仙女之舞

多年生树状肉质植物，广卵圆状三角形肉质叶，对生，橄榄绿至灰绿色，叶被密布灰白色毛。开黄绿色花，花序高至 50 厘米。

别名：贝哈伽蓝菜
科属：景天科伽蓝菜属
产地：马达加斯加
花期：冬末

栽培方法

种植：盆装肥沃园土和粗沙的混合土。准备直径 20 ~ 30 厘米的花盆，每年春季换盆、土 1 次。

施肥：生长期每月施肥 1 次，可用稀释的饼肥水或 15-15-30 的盆花专用肥，冬季休眠期不施肥。

浇水：生长期每周浇水 1 次，保持盆土湿润；冬季休眠期，每月浇水 1 ~ 2 次。

温度：适宜生长温度为 18 ~ 24℃，冬季温度不能低于 5℃。

光照：喜光，一般宜放在阳台、窗台等向阳处，但夏季需遮阴 50%，光线太强易导致叶片变红或烧伤。

长太高了怎么办？

原产地可长高至 1 米，家养仙女之舞不宜太高，可根据需要，剪取其顶端枝条扦插，这样原有植株变矮了，又增加了植株数，一举两得。

 小贴士

仙女之舞一般用来布置植物园，幼株可家庭栽培，一般放置在门厅、走廊或客厅，为居室增添些许生机。

玉吊钟

多年生肉质草本植物。叶片肥厚，呈卵形，交互对生，灰绿色；叶面有不规则的乳白色、粉红色和黄色斑纹；叶缘有齿。开红色或橙色花，有松散的聚伞花序。

别名： 蝴蝶之舞
科属： 景天科伽蓝菜属
产地： 马达加斯加
花期： 夏季

栽培方法

种植： 盆装腐叶土、培养土和粗沙的混合土。准备直径 10 ~ 30 厘米的花盆，每年春季换盆、土 1 次。

施肥： 生长期每月施肥 1 次，用稀释的饼肥水或 15-15-30 的盆花专用肥，冬季休眠期则不施肥。

浇水： 生长期保持盆土稍湿润；夏季高温季节，要每天向叶片喷雾；秋冬季则需保持盆土稍干燥。

温度： 适宜生长温度为 15 ~ 20℃，冬季温度不能低于 10℃。

光照： 喜欢阳光，宜摆放在窗台等向阳处。

遭遇病虫害怎么办？

主要病害是茎腐病和褐斑病，可用 65% 代森锌可湿性粉剂 600 倍液喷洒。若室内通风条件差，还容易发生介壳虫和粉虱危害，须用 40% 氧化乐果乳油 1000 倍液喷杀。

 小贴士

玉吊钟是一种花叶均赏的多肉植物，可作盆栽，用来布置厅堂、窗台、花架等处，也可用来点缀假山、花坛等，同时也可作切花，赠人以表示情有独钟。

月兔耳

多年生肉质草本植物；叶片上缘的纹路为红褐色，表皮则多白色绒毛，像兔耳，故得名"月兔耳"。叶片对生，呈长梭形，叶尖圆形，新叶金黄色，老叶颜色渐渐变为黄褐色。聚伞花序，开白粉色花。

别名：褐斑伽蓝菜
科属：景天科伽蓝菜属
产地：马达加斯加
花期：早春

栽培方法

种植： 盆装腐叶土和粗沙的混合土。准备直径 15 ~ 20 厘米的花盆，每年春季换盆 1 次。

施肥： 每月施稀释的饼肥水或 15-15-30 的盆花专用肥 1 次，冬季休眠期不施肥。

浇水： 生长期保持盆土稍微干燥，忌多浇水；夏季高温季节，每天向植株喷雾；冬季保持盆土干燥。

温度： 适宜生长温度为 18 ~ 22℃，冬季温度不能低于 12℃。

光照： 喜欢阳光充足的环境，需要充足的光照。

可能会出现哪些病虫害？

一般情况下，不易发生病虫危害，偶尔会有萎蔫病和叶斑病发生，用稀释后的克菌丹 800 倍液喷洒即可。除此之外，由于室内的通风效果差，可能会有介壳虫和粉虱产生，那就要用氧化乐果乳油 1000 倍液喷杀。

 小贴士

月兔耳的形状比较可爱，长满绒毛的叶片也很有肉质感，就像兔子的耳朵一样，可以摆放在窗台、案头或者书桌边，既可以缓解视觉疲劳，又可以让静态的空间变得灵动活泼起来。

露娜莲

　　肉质草本植物，叶片为透明莲座状，卵圆形。叶片颜色为浅灰色，有时还呈蓝色或绿色。叶边缘光滑圆润，表面有一层白粉。花朵为倒钟状，一般为粉红色。

别名：无
科属：景天科拟石莲花属
产地：墨西哥
花期：春季

栽培方法

种植：适宜疏松、排水透气性良好的土壤，盆土以泥炭土和粗沙为主，可加入一些草木灰和骨粉。选择直径 8 ~ 12 厘米的花盆，每年春季换盆、土 1 次。

施肥：每 20 天施 1 次腐熟的稀薄液肥或者有机复合肥，以富含磷、钾的肥料为首选；夏季高温时应停止施肥；冬季气温过低时也应停止施肥。

浇水：每两周浇水 1 次，切勿漫灌或者喷洒；冬夏季低温或者酷暑时应停止浇水，保持盆土干燥。

温度：适宜生长温度为 13 ~ 28℃，冬季温度低于 5℃时会停止生长。

光照：喜光，除夏季不能在强光下长时间曝晒，其他时间均可以全天放在阳光下。

夏季如何养护？

　　夏季，在气温高于 32℃时，应减少肥水供给，并放在阴凉干燥的地方养护；在气温高于 35℃时，植株会停止生长，严重时还会导致植株死亡，这时应该停止肥水的供应。

紫珍珠

多年生肉质草本植物，是粉彩莲和星影的杂交品种。叶片肉质，匙形，整体呈莲座状，排列较紧密；粉紫色，叶缘为粉白色；叶面光滑，被少量白粉；先端有圆钝的小尖，微向内凹陷。簇状花序，开略带紫色的橘色花朵。

别名：纽伦堡珍珠
科属：景天科拟石莲花属
产地：墨西哥
花期：夏末至初秋

栽培方法

种植：宜选用疏松、肥沃以及排水透气性良好的沙质土壤，可以用腐叶土和河沙各 3 份，煤渣和园土各 1 份混合均匀后配制。每 1 ~ 2 年于春季换盆 1 次。

施肥：每 20 天左右施肥 1 次。

浇水：保持土壤湿润，忌积水。

温度：适宜生长温度为 15 ~ 25℃，冬季温度不能低于 5℃。

光照：喜光，但忌烈日曝晒。

浇水需要注意什么？

对水分的需求不多；生长期要浇透水；空气干燥时，可向植株四周洒水，但千万不能往叶面和叶心浇水；切忌盆内积水，否则易引起根部腐烂和病虫害。

罗密欧

多年生肉质草本植物，是东云的变异品种。株型端庄，易群生。叶片肥厚，呈匙形，先端渐尖，整体呈莲座状。叶片光滑，为酒红色，新叶红绿相间，叶尖为紫红色或紫褐色。聚伞状圆锥花序，花朵较小，有 5 瓣，橙红色。

别名：金牛座
科属：景天科拟石莲花属
产地：墨西哥
花期：春夏季

栽培方法

种植： 宜用排水、透气性良好的沙质土壤，以便排除多余水分和促进植物根部生长，可用腐叶土、沙土和园土各 1/3 配制。每 1 ~ 2 年于春季换盆 1 次，换盆时可将坏死的老根剪去。

施肥： 施肥不宜过多，每月施磷钾为主的薄肥 1 次。

浇水： 每 10 天左右浇水 1 次，每次浇透即可，但切忌浇水过多。

温度： 适宜生长温度为 10 ~ 25℃。

光照： 喜光，但也耐半阴。

养护需要注意什么？

换季时，常出现粉蚧、介壳虫、蚜虫、白粉病等病虫害。种植前，可对盆土进行高温杀菌；种植时，一旦发现虫害，如果数量较少可人工去除，较多时可使用市面常见的低毒高效杀虫剂。

 小贴士

罗密欧叶片边缘的深红色晒斑，给人以粗犷的特殊美感，整体显得端庄优雅，观赏价值很高，与景天科的其他多肉植物拼盆效果非常好，可置于阳光充足、通风良好的室内作点缀。

蓝石莲

多年生肉质草本植物，茎短小，为中小型植株。叶片较平滑，肉质，呈匙形，整体则呈莲座状，排列也较紧密；叶片为蓝色，被白粉，光照充足时，叶缘呈微粉红色，光照不足时，叶片变成蓝绿色；先端有一圆钝的小尖。穗状花序，呈倒钟形，花为黄红色。

别　名：皮氏石莲
科　属：景天科拟石莲花属
产　地：墨西哥
花　期：春季

栽培方法

种植： 宜选择肥沃、疏松、排水性好的土壤，盆土可选用各等份的煤渣、河沙和泥炭土混匀后配制，种好后可再在最上面撒一层干河沙。随着生长状态可 1 ~ 3 年换盆 1 次，盆径比株径大 3 ~ 6 厘米。

施肥： 每月施薄肥 1 次，也可以施缓效肥。

浇水： 耐旱，土壤要干透再浇透，冬季温度低于 5℃时要控制浇水。

温度： 最低生长温度为 0℃。

光照： 喜光，夏季适当遮阴。

养护需要注意什么？

如果接受充足的光照，叶片会变得更蓝，叶缘的红边会更明显，株型会更紧凑，会像蓝色宝石花一样；如果光照不足，叶片会变得苍白，叶缘的红边会不明显，叶片也会拉长变薄，甚至下垂，一旦下垂，就再也不能恢复包裹的姿态了。

丽娜莲

株高 5 ~ 6 厘米，株幅 12 ~ 23 厘米。叶片肉质，呈卵圆形，半透明状，呈灰绿至灰蓝色，上有淡紫罗兰至淡粉色白霜；叶顶端有小尖，边缘有明显波折，中间则向内凹陷。聚伞花序，花浅红色。

别名：无
科属：景天科拟石莲花属
产地：墨西哥
花期：春季

栽培方法

种植：适宜透气、排水性良好的土壤，可用泥炭土、颗粒土以 1 ：1 的比例配置。

施肥：不宜施过浓的肥。

浇水：盆土要干透再浇透；生长期多浇水，但不能向叶面和叶心浇水；夏季应减少浇水；冬季盆土稍湿即可。

温度：适宜生长温度 15 ~ 25℃，冬季温度尽量不低于 0℃。

光照：喜温暖、干燥和阳光充足的环境，盛夏超过 32℃要适当遮阴，其余时间均可全日照。

冬夏季养护需要注意什么？

夏季，温度超过 30℃时，要放在通风荫蔽处；温度超过 35℃时，进入休眠期，这时应少给水或不给水。冬季，温度在 0℃以上时，可正常给水；温度在 0℃以下时，要控制给水，只在太阳出来时给根部少量水，否则容易冻伤。

花月夜

多年生肉质草本植物，分厚叶型和薄叶型，植株可单生，也可群生。叶片肉质，匙形，呈莲座状排列。叶色浅蓝，叶端圆钝有小尖，光照充足时，叶片尖端与叶缘转成红色。花黄色，有5瓣，铃铛形。

别名：红边石莲花
科属：景天科拟石莲花属
产地：墨西哥
花期：春季

栽培方法

种植：适宜疏松、肥沃、透气性好的土壤。

施肥：每月施薄肥1次。

浇水：生长期保持盆土稍湿润。

温度：适宜生长温度为15～25℃。

光照：喜光，日照要充足。

冬夏养护需要注意什么？

冬季会休眠，这时需移入室内，并保证温度不低于5℃，还要断水，以防止冻伤；夏季，如果气温高于30℃，也需断水，断水期间，叶片会出现褶皱，这是正常现象，只要恢复正常浇水，它就又会变得生机勃勃了。

雪莲

多年生肉质草本植物，植株矮小，成株直径通常为 10 ~ 15 厘米。叶片肉质肥厚，倒卵匙形，顶端圆钝或有一小尖，叶片腹面平坦或稍有凹陷。叶片灰绿色，被白粉，光照充足时会呈现浅粉色。总状花序，通常有 10 ~ 15 朵花，花红色或橙红色。

别名：无
科属：景天科拟石莲花属
产地：墨西哥
花期：初夏至秋季

栽培方法

种植：盆土可用泥炭、珍珠岩、浮石按1.5：1：3的比例配置，也可用腐叶土、珍珠岩、煤渣来代替。
施肥：生长期每月施肥1次。
浇水：按照干透浇透的原则，生长期适量浇水，但最好不要浇到叶片上。
温度：适宜生长温度为 5 ~ 25℃。
光照：喜光，也耐半阴。

怎样繁殖?

主要繁殖方式是叶插。首先，选取成熟而新鲜的叶片，放在通风处晾干，再把晾干的叶片平放在稍湿润的沙土或粗沙上，然后放在阴凉通风处，等生根且长出小芽后移盆，移盆时带点土，可促进幼苗在新环境中健康成长。

黑法师

　　多年生肉质草本植物，植株可高达 1 米。叶片排列较紧密，呈莲座状；边缘有细齿；呈紫黑色，光线较暗时，则呈绿色。总状花序，花朵为黄色。

别名：紫叶莲花掌
科属：景天科莲花掌属
产地：摩洛哥
花期：春季

栽培方法

种植： 盆土宜选择沙壤土、花园土，加入草木灰，也可加火山灰。选用直径 10 ～ 15 厘米的花盆，每年春季换盆、土 1 次。

施肥： 每两周施 1 次有机肥，夏季可延长至每 3 周施肥 1 次，春秋季为生长旺季，施肥时应适当增加一些。

浇水： 生长期每两周浇水 1 次，但休眠期应该减少浇水次数。

温度： 适宜生长温度为 15 ～ 25℃，最低温度要保持在 9℃以上。

光照： 喜欢温暖、干燥且阳光充足的环境，但夏季高温时会休眠，冬季应尽量放在向阳的地方。

繁殖需要注意哪些问题?

　　主要繁殖方式是扦插，要注意选择适宜季节。由于夏季为休眠期，因此，最好选择早春时节，较容易成活。

山地玫瑰

多年生肉质草本植物，排列如莲座状。叶片互生，呈灰绿色、蓝绿色、翠绿色等。总状花序，开黄色花，开花后母株死亡，小芽则从基部长出。

别名：高山玫瑰
科属：景天科莲花掌属
产地：欧洲的高山地区
花期：春末至初夏

栽培方法

种植：盆装腐叶土和粗沙的混合土。准备直径 10 ～ 15 厘米的花盆，每年春季换盆、土 1 次。

施肥：生长期每月施肥 1 次，施肥时可用稀释的饼肥水，冬季休眠期不施肥。

浇水：生长期保持盆土稍湿润，秋冬季则保持盆土干燥。

温度：适宜生长温度为 15 ～ 25℃，冬季温度不能低于 5℃。

光照：喜欢阳光充足的环境，要给予充足的光照。

怎样维持"玫瑰"形状？

在高温、强光条件下，外围叶子会老化枯萎，形成玫瑰状，因此在炎热的夏季，要保持通风、少水、遮光 50% 的条件，才能维持玫瑰的形状。

小贴士

处于休眠状态的山地玫瑰，其外面的叶片会迅速枯萎，而中心叶片则会包裹在一起，像一朵含苞待放的玫瑰，进入生长期后，这朵含苞待放的玫瑰会慢慢展开，非常迷人。山地玫瑰可作盆栽，以装饰环境，但不能放在电视、电脑旁，因为这样会使它因缺少光照而死亡。

清盛锦

多年生肉质植物，分枝较少，排列如莲座状。叶片肥厚，呈倒卵圆形，顶端较尖，边缘有细锯齿；叶片中央为杏黄色，边缘为红色、红褐色、粉红色等，其余部位为绿色。总状花序，开花后植株会死亡。

别名：艳日晖、灿烂
科属：景天科莲花掌属
产地：中美洲及东非
花期：初夏

栽培方法

种植：盆装腐叶土、培养土和粗沙的混合土，可加少量骨粉。准备直径 10 ~ 15 厘米的花盆，每年春季换盆、土 1 次。

施肥：生长期每月施肥 1 次，可用稀释的饼肥水或者腐熟的稀薄液肥。

浇水：生长期保持盆土稍潮湿；夏季高温期和冬季休眠期，保持盆土稍干燥。

温度：适宜生长温度为 20 ~ 25℃，冬季温度不能低于 5℃。

光照：喜欢阳光充足的环境，但夏季需遮阴。

养护需要注意什么？

叶片的水分含量较多，易导致细菌感染、植株腐烂，因此，要把它放在通风良好的环境中，并且每月喷洒 1 次多菌灵、甲基托布津等灭菌药，如果植株腐烂，那就要及时清除，以避免病菌蔓延。

红缘莲花掌

多年生肉质草本植物，呈亚灌木状，分枝较多。叶片肥厚，呈倒卵状匙形，先端有小尖，叶缘为红褐色锯齿状，整体则如莲座状；叶片淡蓝绿色，有光泽，被白霜。聚伞花序，花为浅黄色，有时也带红晕。

别名：红缘长生草
科属：景天科莲花掌属
产地：加那利群岛
花期：春季

栽培方法

种植： 适宜疏松、肥沃的沙壤土，盆土选用腐叶土、园土和粗沙等混合的培养土。不宜用太大的花盆，花盆底部放入一些碎石子或者碎瓦片，更利于排水。一般 1 ~ 2 年换 1 次盆、土。

施肥： 生长期每半月施稀薄液肥 1 次。

浇水： 浇水要掌握"见干见湿、浇则浇透"的原则。春季要保持盆土湿润偏干的状态，忌积水；夏季减少浇水；冬季保持干燥。

温度： 夏季温度在 25℃以上，需遮阴；冬季应放在温室或室内向阳处，室温保持尽量 10℃以上，最低温度不能低于 5℃。

光照： 喜光，也耐半阴。

怎样防治病虫害？

处在生长期，如果遇到干旱或通风条件较差的环境，则容易发生红蜘蛛虫害，这时要喷洒 40% 的氧化乐果乳油剂 1000 ~ 2000 倍液进行防治，也可参考霸王鞭的病虫害防治方法。

毛叶莲花掌

多年生常绿亚灌木植物，植株中型，四季常青，株高 30 厘米左右，丛生。叶片肉质，呈长匙形，长约 8 厘米，宽约 1 厘米，先端渐尖，整体呈莲座状；浅绿色，叶缘则微红，上有细短的白色绒毛。圆锥花序，花金黄色。

别名：墨染
科属：景天科莲花掌属
产地：加那利群岛
花期：夏季

栽培方法

种植：适宜排水良好、透气的沙壤土。
施肥：每月施稀薄液肥 1 次。
浇水：夏季每月浇水两次，切忌积水和淋雨。
温度：最低生长温度为 5℃。
光照：喜光，夏季应适当遮阴。

养护需要注意什么？

夏季处于休眠状态，应把它放在通风、半阴的环境中，并保持较高的空气湿度；秋季处于生长期，应每月施 1 次肥；冬季则需要充足的光照，最好把它放在室内阳光充足的冷凉处，温度不低于 5℃。

 小贴士

毛叶莲花掌枝繁叶茂、四季常青，可作盆栽，放置在厅堂居室，可使居室生机盎然。

花叶寒月夜

多年生肉质草本植物，分枝较多，茎为灰色，呈圆柱形，表面有叶痕。叶片互生，呈倒卵形，聚生于枝头，整体排列如莲座状。新叶为绿色，叶缘两边为微黄白色，成熟后先端和叶缘稍带粉红色，中间则为绿色，边缘有细密的锯齿。圆锥花序，开淡黄色花。

别名：灿烂
科属：景天科莲花掌属
产地：加那利群岛
花期：春季

栽培方法

种植： 宜选用疏松肥沃、排水透气性好的盆土，可用腐叶土、园土、粗沙的混合土栽植。每年9月换盆1次。

施肥： 每月施1次腐熟的稀薄液肥，以给植株提供充足的养分。

浇水： 生长期保持盆土湿润，夏季严格控制浇水，甚至可以完全断水。

温度： 冬季夜间温度最好保持在5℃以上，白天则要保持在15℃以上。

光照： 喜凉爽、干燥和阳光充足的环境。

扦插时需要注意什么？

主要繁殖方式是扦插。扦插的叶片最好选用绿色莲座状的叶丛，而黄色的叶片则不予选用，这是因为黄色叶片体内缺少叶绿素，无法进行光合作用，这样的叶片很难单独存活。

小人祭

植株较小，但分枝较多。叶片细小，呈倒卵形，整体呈莲花状；绿色，中间带紫红纹，叶缘为红色，上有少量柔毛，如果光照充足，叶片颜色还会加深，而到了夏季休眠期，它的叶子则会包裹起来。总状花序，开花后植株死亡，但基部会萌生新的侧芽。

别名：日本小松
科属：景天科莲花掌属
产地：加那利群岛
花期：春季

栽培方法

种植：适宜肥沃、排水透气性好的土壤。

施肥：生长期，每月施稀薄液肥 1 次；开花期，可在浇水时适当施肥；休眠期，少施肥或不施肥。

浇水：浇水要遵循"干透浇透"的原则，可以不用及时给水，适当延长浇水间隔，这样可以使叶片更紧致，颜色更鲜艳。

温度：适宜生长温度为 15 ~ 25℃。

光照：喜光，日照要充足。

对光照有什么要求？

喜欢阳光充足的环境，如果光照增加、温差增大，植株的颜色会由绿色变成红色。小人祭不能长期处在阴暗环境中，因为这样叶片会徒长，使株型变得松散，进而影响它的观赏性。

星美人

多年生肉质草本植物，植株健壮，株型紧密，整体呈莲座状。生长初期茎短而直，后期茎则匍匐下垂。叶片互生，呈倒卵形至倒卵状椭圆形，颜色为泛蓝的灰绿色至淡紫色，上被浓厚的白粉。花瓣椭圆形，为紫红色至红色。

别名：厚叶草、白美人
科属：景天科厚叶草属
产地：墨西哥中部
花期：冬春之交

栽培方法

种植：盆装腐叶土、泥炭土和粗沙的混合土。准备直径 12～15 厘米的花盆，每两年于春季换盆、土 1 次。

施肥：生长期每月施肥 1 次，用稀释的饼肥水或 15-15-30 的盆花专用肥，1 次不宜施太多。

浇水：生长期需每周浇水 1 次，但盆土不宜过湿，冬季则停止浇水，保持盆土干燥。

温度：适宜生长温度为 18～25℃，冬季温度不能低于 5℃。

光照：喜光，但夏季需遮阴 50%，其余季均需摆放在阳光充足的地方。

是怎样繁殖的?

可用扦插的方式繁殖。在生长期内，剪取叶片，通风晾几天，稍干之后插入盆土中，保持盆土潮润，2～3 周即可生根，根长至 2～3 厘米时，移植到花盆中。

小贴士

星美人圆润可爱、小巧淡雅，整个植株犹如精美的工艺品，常作室内盆栽，最适合用来点缀厅台、书桌、几案等。

桃美人

多年生肉质草本植物，茎部短小。叶子拉伸呈莲座状，前段浑圆光滑，颜色红润，略带淡紫红色。开红色的钟形花。

别名：无
科属：景天科厚叶草属
产地：墨西哥
花期：夏季

栽培方法

种植：盆装排水性好、比较肥沃的沙壤土。准备直径 15 ～ 20 厘米的花盆，每年春季换盆、土 1 次。

施肥：一年施 1 ～ 2 次腐熟的稀薄液肥。

浇水：生长期定期浇水，夏冬季要控制浇水量，保持盆土稍干。

温度：适宜生长温度为 18 ～ 22℃，冬季温度不能低于 10℃。

光照：喜欢温暖的环境，需要充足的光照。

扦插时的注意事项有哪些?

一般采用扦插法繁殖，在生长季节，将剪切下的植株放在阴凉处晾几天，种植时需保持盆土潮湿，待根部长到 2 ～ 3 厘米时，移植到小盆中。

青星美人

多年生肉质草本植物，茎部短小，为小型植株。叶片肥厚而光滑，呈匙形，排列较为稀疏，但仍呈莲座状；绿色，被白粉；有叶尖，叶缘为圆弧状，如果阳光充足，叶缘和叶尖呈红色。花梗较长，花朵呈倒钟形，为红色，有5瓣。

别名：一点红、红美人
科属：景天科厚叶草属
产地：墨西哥
花期：夏季

栽培方法

种植：盆土用泥炭、珍珠岩、煤渣按1：1：1的比例混合，再在盆土上铺上颗粒状、直径为3～5毫米的河沙或浮石。

施肥：生长期每月施薄肥1次。

浇水：干透浇透。

温度：最低生长温度为5℃。

光照：喜光，夏季适当遮阴。

浇水需要注意什么？

夏季，应放在通风荫蔽的环境中，每月浇3～4次水，但到了盛夏时节，却只需用少量的水在盆边慢慢浇下，维持植株根系不会因过度干燥而干枯即可；冬季，如果温度低于3℃，就要逐渐减少浇水，如果温度在0℃以下，就要保持盆土干燥，只有这样才能安全过冬。

千代田之松

多肉草本植物，植株小巧。叶片互生，呈微扁的圆柱体，颜色渐变，从淡绿色过渡到灰白色，表皮生有一层白色的粉状物，略尖的一端生有棱。开红色的花。

别名：无
科属：景天科厚叶草属
产地：墨西哥伊达尔戈州
花期：夏季

栽培方法

种植：盆装排水性好的素沙土。准备直径 12 ~ 18 厘米的花盆，每年春季换盆、土 1 次。

施肥：生长期每月施 1 次腐熟的稀薄肥液。

浇水：春秋季应多浇水，保持盆土湿润；夏季要控制浇水量，不宜多浇。

温度：适宜生长温度为 25 ~ 30℃，冬季温度不能低于 5℃。

光照：喜欢温暖的环境，需要充足的光照。

扦插时需要注意哪些？

可用扦插法进行繁殖，枝插、叶插都可以，但成活率不是很高，需要细心养护。扦插时，要把剪切下来的茎枝或者叶子的切口晾干再插，保持盆土的潮湿，选盆土时一定要选排水性好的素沙。

小贴士

千代田之松的叶子比较可爱，如纺锤一般，并且这个品种比较稀有，可以作为植物园的标本植物供人欣赏，也可以当作礼品送给喜爱研究多肉植物的人。

冬美人

多年生肉质草本植物。叶片肥厚而光滑，呈匙形，先端较尖，叶缘为圆弧状，上有微量白粉，蓝绿至灰白色。簇状花序，花呈倒钟形，红色，有5瓣。

别名：东美人
科属：景天科厚叶草属
产地：墨西哥
花期：初夏

栽培方法

种植：喜疏松、排水透气性好的土壤，配土一般用泥炭、蛭石、珍珠岩按1：1：1比例配制。

施肥：生长期每月施肥1次。

浇水：要遵循"干透浇透，见干见湿"的原则，同时避免叶芯处积水。

温度：适宜生长温度为18～25℃。

光照：喜温暖、干燥和光照充足的环境，夏季可全日照。

怎样繁殖?

主要繁殖方式是叶插。切取生长期的健壮叶片，放在阴凉的环境中把切口晾干，然后再放入盆土中，只需浇少量水，保持盆土潮润即可，当根长到2～3厘米时，将它移入小盆中。

 小贴士

冬美人在阳光充足的时候，叶片排列紧密，叶顶和叶心为微粉红色，观赏价值较高，如果栽植于室内，还能吸收甲醛等有害物质。

紫牡丹

多年生肉质草本植物。叶片肥厚，上有丝状毛或毫毛，呈蜡质，如果阳光充足，叶片会包裹在一起，并在冬春季节呈现出暗红色。聚伞式圆锥花序，有红、白、黄等色。

别名：蜘蛛巢万代草
科属：景天科长生草属
产地：欧洲
花期：春季

栽培方法

种植：上层土壤宜用沙土，下层土壤宜用腐殖土，且土壤以呈微酸性为佳。

施肥：生长期每 20 天施 1 次腐熟的稀薄液肥，也可以施高磷钾低氮的复合肥。

浇水：遵循"不干不浇，浇则浇透"的原则，避免积水，否则可致烂根。

温度：发芽适温 13 ~ 18℃。

光照：生长期需要充足的光照。

冬季养护需要注意什么？

冬季，如果白天温度在 15℃以上，夜间温度不低于 5℃，可正常浇水和适当施肥；如果温度为 0℃，植株会休眠，可控制浇水。虽然在冬季能耐短暂的严寒，但最好将它置于光照充足的室内，以保证它的健康生长。

红卷绢

　　排列如莲座状，丛生。叶片呈匙形或长倒卵形，呈放射状生长，绿色或红色；叶端密生如蜘蛛网般的白色短丝毛。开淡粉红色花，聚伞花序。

別名：蜘蛛网长生草
科属：景天科长生草属
产地：欧洲的高山区
花期：夏季

栽培方法

种植：盆装腐叶土和粗沙的混合土，可加入少量骨粉，混合均匀。准备直径 10 ~ 12 厘米的花盆，每两年春季换盆、土 1 次。

施肥：生长期每月施肥 1 次，用稀释的肥饼水或 15-15-30 的盆花专用肥。

浇水：生长期保持盆土稍湿润，冬季则减少浇水，保持盆土稍干燥即可。

温度：适宜生长温度为 18 ~ 22℃，冬季最低温度不能低于 5℃。

光照：喜光，适宜放在光线充足的地方，但夏季需遮阴 40%。

如何繁殖?

　　采取扦插或播种的方式繁殖。春季盆播后约 10 天可发芽。春秋季可剪取叶盘基部的小芽插入沙床，过 2 ~ 3 周生根后直接移入花盆即可。

 小贴士

　　红卷绢叶色多变，拥有蜘蛛般的白色绒毛，非常惹人喜爱，一般作小型盆栽观赏，可摆放在窗台、书桌或几案上，清雅别致。

蛛丝卷绢

多年生肉质草本植物。植株低矮，近球形。叶片肉质，环生，扁平细长，竹片形，先端渐尖，紧密排列成莲座状。叶色嫩绿，顶端生有白丝，像蜘蛛网般缠绕在叶尖。聚伞花序，花淡粉色，有深色条纹。

别名：蛛网长生草
科属：景天科长生草属
产地：欧洲
花期：夏季

栽培方法

种植： 盆土按泥炭、珍珠岩、煤渣 1：1：1 的比例混合，在土壤表面铺 3 ~ 5 毫米厚的颗粒状河沙，可以将植株与土表隔离开，也可使透气性更好。

施肥： 生长期每月施薄肥 1 次。

浇水： 一般等盆土干透才浇水，不干不浇水，浇水时要尽量浇到土里，避免直接淋植株，因为蛛丝卷绢沾上水分可能会脱落，也不要浇到内芯处，这样容易导致植株腐烂。

温度： 适宜生长温度为 15 ~ 25℃。

光照： 喜光，但夏季要适当遮阴。

养护需要注意什么？

主要病害是黑腐病，夏季多发。它一般是由过于湿热、通风不佳的环境或介壳虫害所致，症状是根部、叶片底部或叶心处出现发黑、腐烂现象。可切除腐烂的根须和叶片，必要时还可除去腐烂的茎部，但如果是叶心处腐烂，那植株存活的概率就微乎其微了。

库珀天锦章

多年生肉质草本植物，植株矮小。叶片为长圆筒形，顶端扁平；正面平整，背面圆凸，表皮有光泽；灰绿色，上面零星分布着紫色的斑点。花序可高达 25 厘米，花的上部为绿色，下部为紫色，花冠的边缘则为白色。

别名：锦铃殿
科属：景天科天锦章属
产地：南非
花期：春季

栽培方法

种植：盆土选择腐叶土、粗沙和珍珠岩的混合土，适量加入一些草木灰或者腐熟的骨粉。选择直径 8 ~ 12 厘米的花盆，每年春季换盆、土 1 次。

施肥：每两周施 1 次腐熟的稀薄液肥，肥料以低氮以及富含磷、钾者为首选；夏季应停止施肥。

浇水：春秋季每两周浇水 1 次；夏季，延长浇水周期为每 20 天 1 次；冬季温度在 7℃以上时，应保持正常浇水。

温度：适宜生长温度为 13 ~ 25℃，冬季温度不能低于 7℃，否则会停止生长，但如果温度在 3℃以上，也能够存活。

光照：喜欢凉爽、干燥且阳光充足的环境，如果阳光不足，会影响生长。

如何养护？

夏季，如果气温过高，会停止生长，这时可把它放在通风阴凉处，并适当减少浇水量。此外，它也比较爱干净，如果它的叶面布满灰尘，可用水清理。

天章

多年生肉质植物，为小型植株。叶片肥厚，上面有密生的短绒毛，呈倒卵圆状三角形，叶缘则为波浪状。花为钟状，白色或淡紫色。

别名：冠状天锦章
科属：景天科天锦章属
产地：南非
花期：夏季

栽培方法

种植： 盆装腐叶土、培养土和粗沙的混合土，可加少量骨粉或鸡粪。准备直径 10 ~ 15 厘米的花盆，每两年于春季换盆、土 1 次。

施肥： 每月施肥 1 次，用稀释的饼肥水或 15-15-30 的盆花专用肥，冬季休眠期不施肥。

浇水： 生长期保持盆土稍湿润；夏季高温时，可向周围空气喷雾；秋冬季保持盆土稍干燥。

温度： 适宜生长温度为 18 ~ 25℃，冬季温度不能低于 5℃。

光照： 喜欢阳光充足的环境，但夏季需遮阴 50%。

易遭遇哪些病虫害？

如果通风条件差，会诱发炭疽病和叶斑病，初发病时，可用 70% 甲基托布津可湿性粉剂 1000 倍液喷洒。此外，还会发生介壳虫病和粉虱病危害，可用 40% 氧化乐果乳油 1000 倍液喷杀。

小贴士

天章是典型的小型盆栽植物，那肥厚的叶片像是工艺品，玲珑剔透，灵性十足，适合点缀于窗台、书架等处。

翠绿石

多年生肉质植物,高约10厘米,丛生。叶片肥厚,呈纺锤形,两端渐尖,放射状生长;表面因布满小疣突而显得很粗糙;颜色为翠绿色,有光泽,一般新叶经阳光曝晒后,会变为紫红色,之后会逐渐变为青绿色或深绿色。花呈钟形,绿色。

别名:太平乐
科属:景天科天锦章属
产地:南非和纳米比亚
花期:夏季

栽培方法

种植: 选择直径8~10厘米的花盆,盆装腐叶土、蛭石和园土的混合土。每隔1~2年换盆1次,一般在春、秋季进行。

施肥: 主要生长期在春秋季节,此间每月施肥1次。

浇水: 生长期需要保持土壤湿润,避免积水,冬季基本断水或者少给水,夏季高温时也要节制浇水,不能长期雨淋。

温度: 不耐寒,也怕高温,夏季高温和冬季寒冷时植株都处于休眠状态。

光照: 喜温暖干燥和阳光充足的环境,耐半阴。

怎样繁殖?

一般有砍头和叶插两种繁殖方法。它被砍头后,砍下的部分可直接扦插在干燥的颗粒土中,几天后浇少量水即可生根。叶插是在原株上摘取完整饱满的叶片,将其置于阴凉处晾干伤口后,再放置在稍湿润的盆土上,等待它长出新植株即可。

姬胧月

多年生肉质草本植物。叶片为瓜子形，叶稍较尖，且有须，被白粉，整体为延长的莲座状，颜色为朱红色带褐色。开黄色的星状小花，花瓣被蜡。

别名：粉莲、宝石花
科属：景天科风车草属
产地：墨西哥
花期：夏秋季

栽培方法

种植：盆土可用壤土和粗沙各半作培养土，也可用泥炭混合颗粒的煤渣等。每 2 ~ 4 年换盆 1 次，盆径要比株径大 3 ~ 6 厘米。

施肥：生长期每 20 天左右施 1 次腐熟的稀薄液肥或低氮高磷钾的复合肥，不要将肥水溅到叶片上，每季度施用长效肥 1 次。一般在天气晴朗的早上或傍晚进行，当天傍晚或第二天早上再浇 1 次透水，以冲淡土壤中残留的肥液。

浇水：掌握"不干不浇，浇则浇透"的原则，避免积水，尤其要避免长期雨淋。

温度：冬季温度保持在 0℃以上可安全越冬。

光照：喜阳光充足、温暖干燥的环境。

养护需要注意什么？

夏季，应避免曝晒，要把它放置在通风阴凉处养护，并控制浇水和施肥。冬季，应把它放在室内的光照充足处，如果能保持夜间最低温度为 10℃左右，并有一定的昼夜温差，那么可适当浇水和施肥，但如果不能保持这么高的温度，那就应控制浇水、停止施肥，使植株休眠。

银星

多年生肉质植物，植株丛生，叶盘高大，莲状。叶片肥厚，形似长卵；表皮为青绿色，并微透着红褐色，叶端则呈褐色；花开后，叶盘枯萎。

別名：无
科属：景天科风车草属
产地：南非
花期：春季

栽培方法

种植： 盆装排水性比较好的沙壤土。准备直径 18 ~ 22 厘米的花盆，每年春季换盆、土 1 次。

施肥： 偶尔施 1 次腐熟的稀薄液肥或者低氮、高磷钾的复合肥。

浇水： 生长期定期浇水，冬季则不宜浇太多水，要保持盆土干燥。

温度： 适宜生长温度为 18 ~ 24℃，冬季温度不低于 10℃。

光照： 喜欢温暖的环境，需要充足的光照。

繁殖时的注意事项有哪些?

一般采用扦插的繁殖方法，最好在春秋季进行，成活率比较高，可切下叶盘的顶部进行扦插，也可以直接剪切叶子，但要选择基部比较肥厚的叶片，剪切后晾干切口，然后斜插进盆土中，注意保持盆土湿润即可。

初恋

多年生肉质草本植物，是风车草属和拟石莲花属的杂交品种，中小型植株，侧芽从基部萌生。叶片肉质较薄，长匙形，被白粉，先端渐尖，微向内凹陷，排列较松散，整体呈莲座状。聚伞花序，开钟形的黄色花，花瓣为5瓣。

别名：	无
科属：	景天科风车石莲属
产地：	英国
花期：	春末

栽培方法

种植：宜选用透气性较好的沙质土壤，可用泥炭、颗粒土（鹿沼土、赤玉土等）混合配制。用比植株稍大的花盆栽植，每1～2年换盆1次。

施肥：每20天左右施肥1次。

浇水：干透浇透，一般等土壤干后再浇水；如果叶心部分的水分滞留太久，就容易使植株腐烂。

温度：适宜生长温度为15～25℃。

光照：喜光，需要接受充足的光照，除夏季需要适当遮阳外，其他季节均可以接受全日照。

养护需要注意什么？

掌握温度和光照至关重要。如果养殖在大棚里，因温度较高，温差较小，光照质量也较差，它的叶片往往不饱满，并且呈现出难看的灰绿色；如果养殖在家养环境中，由于温差大、光照足，往往会变成粉红色。

白牡丹

　　多年生肉质植物，是胧月和静夜的杂交品种，多分枝，易群生。叶片肉质，呈倒卵形，先端渐尖；叶背有龙骨状突起，叶面则较平；颜色为灰白至灰绿色，表面被白粉，叶尖还呈微粉红色。歧伞花序，开黄花，花瓣有 5 瓣。

別名：白美人
科属：景天科风车石莲属
产地：墨西哥
花期：春季

栽培方法

种植：宜用排水、透气性良好的沙质土壤栽培，以便把多余水分排出，促进植物根部生长，可用腐叶土、沙土和园土各 1/3 配制。每 1 ～ 2 年于春季换盆 1 次，将坏死的老根剪去。

施肥：每月施磷钾为主的薄肥 1 次。

浇水：每 10 天左右浇水 1 次，每次浇透即可。

温度：最低生长温度为 5℃。

光照：喜光，但夏季要适当遮阴。

病虫害防治应注意什么？

　　常见病害为黑腐病，即植株某些部位变黑、腐烂，多在根部。黑腐病通常是由通风条件差、高湿高温的环境以及介壳虫害所致。病害初期，应迅速将它与其他植物隔离，然后剪去腐烂部位，再在切口处涂抹杀菌剂，但如果黑腐病已蔓延到植株生长点，可视为死亡，应尽早丢弃，以防传染。

仙女杯

多年生肉质草本植物，茎矮小粗壮，为中型植株。叶片剑形，长约 12 厘米，宽约 2 厘米，先端尖，整体排列密集，呈莲座状；蓝绿色，表面密被白粉；如果日照不足，叶片会拉长，叶色也会变较浅，整体结构较松散。开金黄色花。

别名：无
科属：景天科仙女杯属
产地：墨西哥
花期：春季

栽培方法

种植： 宜选用透气性较好的盆土，可以用泥炭土与河沙、煤渣等的混合土，并在土表铺一层干净的颗粒状河沙。1 ~ 2 年换盆 1 次，盆径要比株径大 3 ~ 6 厘米。

施肥： 每两周施缓效肥 1 次。

浇水： 一定要干燥后再浇水。

温度： 适宜生长温度为 20 ~ 28℃。

光照： 喜光，但也耐半阴。

浇水应注意什么？

夏季，有休眠期，这时要少浇水或不浇水，如果高温时浇水，可能会产生烂根现象，一般等到 9 月中旬天气渐凉后，再开始慢慢恢复浇水；冬季，如果气温在 0℃以上，可正常浇水，如果气温在 0℃以下，要断水，否则容易冻伤和烂根。

子持莲华

多年生肉质草本植物，匍匐茎，可萌生侧芽，易群生。叶片呈半圆形或长卵形，排列如莲座状；蓝绿色，表面略有白粉；如果光照不足，叶片形状会由半圆形偏向于长卵形，植株也会变得松散。开有香气的黄色花，开花后植株会死亡。

别名：白蔓莲
科属：景天科瓦松属
产地：日本北海道
花期：春秋季

栽培方法

种植： 泥炭、珍珠岩、浮石按照 1：1：1 的比例制作盆土，为了透气需再在表层铺上颗粒状的干净河沙，河沙直径为 3～5 毫米，沙层厚度为 5 毫米左右。

施肥： 每月施磷钾为主的薄肥 1 次。

浇水： 要干透浇透，不干不浇水。炎热的夏季要控制浇水，一般每个月浇 4～5 次水，不浇透，以维持植株的正常生长，夏季浇水太多植株容易腐烂。

温度： 最低生长温度为 0℃。

光照： 喜光，但夏季应适当遮阴。

 小贴士

子持莲华美观大方，翠绿诱人，可制成盆栽，放置于电视、电脑旁，起防辐射的作用，亦可栽植于室内，吸收甲醛等有害物质，起到净化空气的作用。

乒乓福娘

为福娘的园艺品种，多年生肉质灌木植物，茎直立，呈圆筒形。叶片扁卵形，对生，灰绿色，表面密被白粉，如果阳光充足，叶缘和叶尖容易泛红。聚伞状圆锥花序，花梗较长，花生于花梗顶端，钟形，先端五裂，橙红色。

别名：无
科属：景天科银波锦属
产地：南非
花期：初夏

栽培方法

种植： 盆土用煤渣混合泥炭、少量珍珠岩按 6 ： 3 ： 1 的比例配置。每 2 ～ 4 年换盆 1 次，初春头次浇水前进行换盆。

施肥： 每月施稀薄液肥 1 次。

浇水： 生长期需保持土壤微湿，但要避免积水；夏季每月浇水两次。

温度： 最低生长温度为 5℃。

光照： 喜光，夏季适当遮阴。

养护时需要注意什么？

夏季，如果温度超过 35℃，基本停止生长，因此，为防止由盆土过湿而引起的根部腐烂，应减少浇水，1 个月浇两次水即可，一般在晚上 7 ～ 9 点给水。冬季，如果温度在 5℃以下，可基本断水。

熊童子

多年生草本植物，植株的分枝较多，整体呈小灌木状。叶片肉质，互生，呈卵形，表面有密生的白色短毛，长 2 ~ 3 厘米，宽 1 ~ 2 厘米；叶端有爪状齿，在光照充足的环境下，叶端的爪状齿呈红褐色，非常像熊掌。总状花序，开红色小花。

别名：熊掌
科属：景天科银波锦属
产地：纳米比亚
花期：秋季

栽培方法

种植：盆土要求用肥力中等且有良好排水性的沙壤土，可以用腐叶土、园土和粗砂的混合土。每 1 ~ 2 年换盆 1 次，宜在春季进行。

施肥：每月施 1 次腐熟的稀薄液肥或复合肥。

浇水：夏季温度超过 35℃时，应减少浇水，防止因盆土过度潮湿而引起根部腐烂；冬季浇水要视温度和光照等情况而定，若光照不足则要避免盆土过湿。

温度：最低生长温度为 5℃。

光照：喜光，但夏季温度过高会休眠。

养护需要注意什么？

如果在光照充足的环境下，叶片会变得肥厚饱满；如果在光照不足的环境下，则会变得纤细柔弱。此外，生长期还要遵循"干透浇透"的浇水原则。

白花小松

多年生肉质植物，植株矮小，分枝较多。叶片为细短圆棒状，先端渐尖，轮生于肉质茎上，呈旋转状展开；青绿色，成熟时为深绿色，如果光照充足，叶尖和叶缘呈红色。花顶生，为白色。

别名：无
科属：景天科塔莲属
产地：墨西哥
花期：4～5月

栽培方法

种植：宜选用通气、排水良好、富含石灰质的沙质土壤。

施肥：生长期每半月施薄肥 1 次，喷施叶面薄肥 1 次。

浇水：保持盆土干燥，不宜过湿，干燥季节可喷微量雾状叶面水。

温度：适宜生长温度为 20～28℃，冬季可在室内越冬，室内温度不能低于 10℃。

光照：喜光，稍耐半阴。

浇水时需要注意什么？

生长季节适量浇水，湿热的夏季要控制浇水量，并加强通风，到了冬季，则要减少浇水量，以保持盆土略微干燥为好。

小贴士

白花小松小巧玲珑、翠色欲滴，具有很高的观赏价值，常作小盆栽，可置于阳台、窗台、茶几、书桌、餐桌等处，不仅可以防辐射，而且还可以吸收甲醛等有害物质，起到净化空气的作用。

玉翁

多年生肉质草本植物。植株单株生长，呈椭圆形或球形，为绿色。球体上布满螺旋状的棱，周身长满白色的刺状物。球体四周开桃红色花。

别名：无
科属：仙人掌科乳突球属
产地：墨西哥
花期：春季

栽培方法

种植：盆装腐叶土和沙土的混合土。准备直径 12 ～ 18 厘米的花盆，每年春季换盆、土 1 次。

施肥：每年施 1 次稀释的饼肥水或 15-15-30 的盆花专用肥。

浇水：不能过度浇水，更不能浇到球体上。

温度：适宜生长温度为 24 ～ 26℃，冬季温度不能低于 5℃。

光照：喜欢温暖干燥的环境，需要充足的光照。

扦插繁殖时应注意哪些问题?

首先，在室外进行扦插时，要在 4 ～ 10 月进行，除夏季高温多雨时期，室内则一年四季都可进行；其次，扦插需要河沙和锯；再次，剪切之后要放在阴凉处 2 ～ 3 天，剪切面要光滑；最后，扦插时要保持盆土湿润。

小贴士

玉翁简单大方，可作小盆栽，装饰窗台或办公桌，不仅能为空间增添绿色，而且还有助于降低电脑辐射对人的伤害。

白玉兔

多年生肉质草本植物，株高 15 ~ 30 厘米，易群生。刺座密被白色绵毛，着生周围刺 16 ~ 20 枚，中刺 2 ~ 4 枚，为白色，顶端则为褐色。花呈钟状，长 1.5 厘米，红色。

别名：白神丸
科属：仙人掌科乳突球属
产地：墨西哥
花期：暮春至夏季

栽培方法

种植：适宜疏松、透气、肥沃的土壤，可用 6 份泥炭土、2 份煤渣，以及半份的腐熟猪粪干和草木灰混匀后配制。

施肥：生长期每月施肥 1 次。

浇水：耐旱，忌积水，春秋季每半月浇水 1 次；夏季浇水次数要慢慢增加，但中午不能对球体喷水，以免日照灼伤。

温度：适宜生长温度为 19 ~ 24℃，冬季在盆土干燥的情况下，能耐 0℃左右的低温。

光照：喜光，日照要充足；夏季高温时，要适当遮阳。

养护需要注意什么？

应在 4 ~ 6 月播种，一般 15 ~ 25℃适宜发芽，播种至发芽需要约 7 天时间，等幼苗长到顶部出现毛刺时，再单盆分栽，一盆一苗，分栽最好在春季进行。

金手指

多年生肉质草本植物。初始为单生，后易从基部孳生仔球，呈球形至圆筒形；明绿色，有 13 ~ 21 个圆锥疣突的螺旋棱。有黄白色短小周刺 15 ~ 20 枚，黄褐色针状中刺 1 枚，但易脱落。淡黄色花，侧生，钟状。

别名：黄金司
科属：仙人掌科乳突球属
产地：墨西哥伊达尔戈州
花期：春末夏初

栽培方法

种植： 宜选用肥沃、排水良好的沙质土壤。每 1 ~ 2 年翻盆 1 次。

施肥： 生长期每月追肥 1 次，腐熟饼肥、颗粒复合肥均可。冬季休眠期应停止施肥。

浇水： 喜干燥的环境，耐干旱，浇水应遵循"不干不浇，浇则浇透"的原则，保持植物稍干燥的状态。

温度： 适宜生长温度为 20 ~ 28℃，越冬期间应注意防寒保暖。

光照： 喜光，日照要充足，秋至春季应将植株置于阳光充足处。

有哪些病虫害？

易发炭疽病、斑枯病以及介壳虫、红蜘蛛等病虫害，其中，炭疽病、斑枯病可用药物防治，而红蜘蛛、介壳虫则因在通风不良时易发病，因此，应注意改善通风情况。

白龙球

　　多年生肉质草本植物，植株丛生，有强刺。茎为球状至棒状，淡灰绿色；顶部被白色绵毛，周身有短粗的疣状突起，腋部则有白色绵毛和长刺毛，刺座上开始也有白色绵毛，后来逐渐脱落。花生于球顶部，钟状，粉红色，长 1～1.5 厘米，整体排列如环状。

别名：白龙丸
科属：仙人掌科乳突球属
产地：墨西哥
花期：夏季

栽培方法

种植：适宜肥沃、疏松和排水良好的沙质土壤，盆土可用草炭土与粗沙混合。

施肥：生长期每月施薄肥 1 次。

浇水：耐旱，喜干燥，怕积水，春季至初秋每半月浇水 1 次，盆土可保持一定的湿度，冬季则应停止浇水，保持盆土干燥。

温度：适宜生长温度为 15～25℃，过冬不能低于 7℃，尽量入室越冬。

光照：喜光，不耐寒，忌烈日曝晒。

养护需要注意什么？

　　有扦插和嫁接两种繁殖方式，尤其是扦插，可切取子球进行，极易成活。

短毛球

多年生肉质植物，丛生。茎呈球状至圆筒状，绿色，外部分布着整齐的棱，棱上有褐色的短刺。开白色的喇叭状花，有香味，侧生。

别名：柱状仙人球
科属：仙人掌科仙人球属
产地：南美
花期：夏季

栽培方法

种植： 盆土选择腐殖土、花园土和粗沙的混合土，同时加入一些草木灰和陈墙灰，花盆底部还应放一些碎瓦片或粗煤渣，以便排水。选择直径 10 ~ 15 厘米的花盆。

施肥： 除冬季外，其他季节每 15 天施 1 次腐熟的稀薄有机肥。

浇水： 每两周浇水 1 次，或以不干不浇为准，冬季气温过低时应减少浇水量。

温度： 适宜生长温度为 18 ~ 30℃，冬季最低温度尽量保持在 8℃以上。

光照： 喜欢温暖的环境，宜放在阳光充足的环境下养护。

如何防治病虫害？

常见的病害有软腐病，这是一种细菌性病害，一般在受害部位会出现发黑的现象或黑褐色的斑块，主要原因是浇水过多或通风条件差，这时应及时改善环境，同时用硫黄粉给受害部位消毒，也可用 1% 的波尔多液和 200 单位的农用链霉素粉剂用水 1000 倍稀释之后喷洒。

 小贴士

短毛球的外形端庄而优雅，生命力旺盛，适应能力也较强，可将其放置于室内作为小盆景观赏，起到调节心情和陶冶情操的作用。

仙人球

多年生肉质草本植物。茎呈圆球状或椭圆球状，表面布满了长短不一的针刺，呈放射状，整体呈黄绿色。开银白色或粉红色喇叭形状的花。

别名：草球、长盛球
科属：仙人掌科仙人球属
产地：南美洲
花期：夏季

 **栽培方法**

种植： 盆装腐叶土、沙壤土和粗沙的混合土，盆底放置一些碎石块。准备直径 15 ～ 20 厘米的花盆，每年春季换盆、土 1 次。

施肥： 生长期每 10 ～ 15 天施 1 次腐熟的稀薄液肥，秋季每月 1 次，但 10 月上旬开始，要停止施肥。

浇水： 夏季可充分浇水，但必须在早上或晚上温度较低时浇；冬季休眠期要控制浇水，盆土不可过分干燥。

温度： 适宜生长温度为 20 ～ 25℃，冬季温度不能低于 5℃。

光照： 喜欢温暖的环境，需要充足的光照。

有哪些病虫害？

高温易发炭疽病或锈病，可用喷洒多菌灵或托布津防治。此外，还易受红蜘蛛和蚜虫危害，可用稀释后的氧化乐果防治。

花盛球

多年生肉质植物，单生或丛生。幼株球形，老株圆筒形，有 11 ~ 12 个波状棱，新刺黑褐色，老刺黄褐色，球体则呈暗绿色。球体侧开有大型喇叭状的白花，有香味。

别名：仙人球、草球
科属：仙人掌科仙人球属
产地：阿根廷、巴西南部
花期：夏季

栽培方法

种植：宜在肥沃、排水透气性良好、含石灰质的沙壤土中生长。

施肥：喜肥，生长期 10 ~ 15 天施 1 次液肥，休眠期则停止施肥，如果适时施用磷、钾肥，可促使其多开花。

浇水：耐旱，不常浇水，只需在生长季节适当浇水即可，休眠期则以干燥为宜。

温度：适宜生长温度为 15 ~ 25℃，温度过高会使其被迫"休眠"。

光照：喜光，夏季要适当遮阴，但过度遮阴会导致不开花。

冬季浇水需要注意什么？

冬季为休眠期，应节制浇水，只在晴天的上午浇少许水即可，要保持盆土干燥，并且温度越低，越要保持盆土干燥。

黄毛掌

多年生肉质灌木状植物，植株直立，高 0.6～1 米，分枝较多。茎节为椭圆形，上有金黄色的钩毛刺覆盖，黄绿色。开淡黄色的短漏斗形花，并且结有果肉为白色的圆形浆果。

别名：金乌帽子
科属：仙人掌科仙人掌属
产地：墨西哥北部
花期：夏季

栽培方法

种植： 盆装培养土和粗沙的混合土，可加 5% 的蛋壳粉。准备直径 10～15 厘米的花盆，每年春季换盆、土 1 次。

施肥： 生长期每月施肥 1 次，可用堆肥或 15-15-30 的盆花专用肥，冬季休眠期可不施肥。施肥时切忌将肥液淋洒在叶片上，避免腐烂。

浇水： 春季新栽植株只需喷水以保持盆土湿润即可，不需浇水。冬季宁干勿湿。

温度： 适宜生长温度为 20～25℃，冬季温度不能低于 5℃。

光照： 喜欢阳光充足的环境，除夏季应适当遮阴外，其余均可放在向阳的地方。

会发生病虫害吗?

易发炭疽病和焦斑病，可用 10% 抗菌剂 401 醋酸溶液 1000 倍液喷洒；也有介壳虫病和粉虱病，可用 40% 氧化乐果乳油 1000 倍液喷杀。

小贴士

黄毛掌的钩手金光闪闪，活像兔子的耳朵，煞是可爱，常作室内盆栽，不仅可防辐射，而且还可吸收空气中的一氧化碳、二氧化碳和氮氧化物，起到净化空气的作用。

仙人掌

多年生肉质草本植物，植株丛生，根部纤细。茎部肥厚，上面布满针刺，鲜绿色。开有颜色鲜艳的花朵，果实呈紫红色。

别名：仙巴掌、霸王树
科属：仙人掌科仙人掌属
产地：美洲
花期：3 ~ 5 月

栽培方法

种植：盆装沙土或沙壤土。准备直径 18 ~ 25 厘米的花盆，每年春季换盆、土 1 次。

施肥：生长期 10 ~ 15 天施腐熟的稀薄液肥 1 次，冬季则不施肥。

浇水：生长期定期浇水，盆土稍湿润即可，不宜浇太多；冬季休眠，要保持盆土干燥。

温度：适宜生长温度为 20 ~ 25℃，冬季温度不能低于 10℃。

光照：喜欢温暖的环境，需要充足的光照。

生长期间会遇到哪些虫害？

生长期内如果碰到菜青虫、蝗虫，可用 25% 的溴氰菊酯 2000 倍喷杀；如果碰到红蜘蛛或介壳虫，可用 40% 的氧化乐果 1000 ~ 1500 倍液或 50% 的马拉硫磷 1000 倍液喷杀。

 小贴士

仙人掌是耐旱植物，便于栽培，可作小型盆栽，放置于窗台、客厅、书桌等处，不仅可以美化环境，还可以缓解视力疲劳，并能让空间富有生命力。

白毛掌

多年生肉质植物，是黄毛掌的变种，茎直立，高 0.5 ~ 2 米，为圆柱形，基部稍木质化。叶片呈倒卵形至椭圆形，扁平掌状，绿色，上面有白色钩毛。开鲜黄色花，结紫红色梨形浆果。

别名：白桃扇
科属：仙人掌科仙人掌属
产地：墨西哥
花期：5 ~ 7 月

栽培方法

种植：适宜疏松、透气性好的土壤，对土壤适应性强，黑钙土、红壤土、黄土等均能种植。

施肥：生长期每月施肥 1 次。

浇水：耐旱，怕积水，因此不用常浇水，但如果要浇水，一定要浇透。

温度：适宜生长温度为 15 ~ 25℃。

光照：喜光，日照要充足。

养护需要注意什么？

冬季为休眠期，可暂停浇水，直到来年 2 月再开始蓄水；也可在光照充足的上午浇少许水，一般采取浸盆法浇水，先在盆中放花盆五分之一高度的水，再把花盆放进盆里，5 ~ 10 秒后取出即可，两次浇水的间隔期为 1 个月以上。

小贴士

白毛掌可作盆栽装饰室内，还可用它作嫁接蟹爪兰、令箭荷花的砧木，更增加其观赏性。

量天尺

多年生肉质植物，茎为三棱柱形，分枝较多，绿色，棱边为波浪状，有小刺，有气生根。花朵较大，黄绿色，内部为白色，有香味，但是开放时间短，且在夜晚开放，果实为火龙果。

别名：霸王鞭、霸王花
科属：仙人掌科量天尺属
产地：美洲
花期：5～11月

种植： 盆土选择以腐叶土、花园土、粗沙三者均等组成混合土，同时加入一些草木灰。选择直径18～25厘米的花盆，每年春季换盆、土1次。

施肥： 每两周施肥1次，以有机肥料为主，夏季开花之前，可用鸡粪或牛粪追肥，以保证营养供给充足。

浇水： 春季每两周浇水1次；夏季每天浇水；冬季保持盆土干燥。

温度： 冬季温度不能低于10℃。

光照： 性喜温暖湿润的半阴环境，但冬季应把它放在阳光充足的地方。

药用价值

性甘，味淡，微凉。花朵能够治疗咳嗽、咯血和淋巴结核；茎干能治疗腮腺炎、疝气等，同时还能够缓解动脉硬化和心脑血管病等。

 小贴士

量天尺碧绿的外形、茂盛的枝叶，可作篱笆，也可作盆栽，一般放在刚装修过的房子里，能吸附甲醛等有害物质，并能给人以欣欣向荣之感。

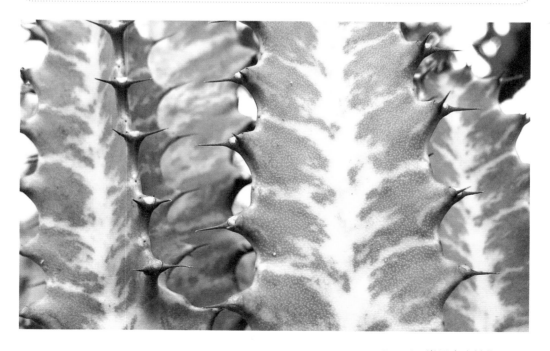

仙人柱

攀缘肉质灌木植物，高 3 ~ 15 米，分枝较多。茎上有翅状棱，边缘有波状或圆形齿，深绿至淡蓝绿色，无毛。花漏斗状，可结长球形的红色浆果，果脐小，果肉白色，可食。

别名：仙人山
科属：仙人掌科量天尺属
产地：中南美洲
花期：7 ~ 12 月

栽培方法

种植：喜疏松、肥沃、富含腐殖质的土壤，可用各 1 份的腐叶土和粗沙及少许腐熟的鸡粪或牛粪混匀后配制的培养土。

施肥：生长期每 15 天追施腐熟液肥 1 次。

浇水：每 10 ~ 15 天浇 1 次水，但应每天向植株喷水，以增加空气湿度。

温度：适宜生长温度为 25 ~ 30℃。

光照：喜光，但夏季要放在半阴的环境下养护，冬季则要求光照充足。

病害防治需要注意什么？

在高温多湿的环境中，易发软腐病、茎枯病、基腐病等，这是因为病菌可随着仙人柱的切口或损伤部位而浸入，并由此而感染病害。

绯牡丹

多年生肉质植物，是牡丹玉的斑锦变异品种。茎扁球形，8棱，上有突出的横脊，有鲜红色、深红色、紫红色、橙红色或粉红色。球体的刺座较小，无中刺，辐射刺则较短或已脱落，成熟后可群生子球。花呈漏斗形，粉红色，生在顶部的刺座上。果实呈纺锤形，红色，种子则为黑褐色。

别名：红灯、红牡丹
科属：仙人掌科裸萼球属
产地：南美洲
花期：春末夏初

栽培方法

种植： 盆土宜用草炭、泥炭、君子兰土混入少量珍珠岩配制，以 pH 值为 6.0 ~ 6.5 的微酸性至中性土壤最好，盆底可以放一些陶粒，但不要放瓦片等。春季气温在 10℃时换盆，每年换盆 1 次。

施肥： 生长期每 10 ~ 15 天施 1 次腐熟的稀薄液肥。

浇水： 除冬季外都应适时浇水，浇水要遵循"干透浇透"的原则，但要避免盆土积水，保持中等水分或偏干一些，湿度为 60% ~ 75%，但冬季如室内温度较低，则应保持相对干燥。

温度： 适宜生长温度为 15 ~ 32℃，在盆土干燥的情况下，能耐 40℃高温和 2℃低温。

光照： 喜光，日照要充足，但忌曝晒，在盛夏季节要注意遮阴。

养护需要注意什么？

常发茎腐病和灰霉病，可用 50% 的多菌灵可湿性粉剂 2500 倍液喷洒；而在高温、高湿以及通风较差的环境下，还易受红蜘蛛危害，可用 40% 的乐果乳油 1000 倍液喷杀。

绯花玉

多年生肉质植物。植株呈扁球状，直径可达 10 厘米左右，上有刺针，每个刺座上有 5 根灰色的周刺和 1 根骨色或褐色的中刺，最长可达 1.5 厘米。花生于顶部，有白色、红色或玫瑰红色。果实呈纺锤状，深灰绿色。

别名：	瑞昌玉
科属：	仙人掌科裸萼球属
产地：	南美洲
花期：	5 月

栽培方法

种植：适宜肥沃、疏松、透气性好的沙质土壤。
施肥：生长期每月施肥 1 次。
浇水：春秋季每半月浇水 1 次，忌积水，雨季要注意排水。
温度：适宜生长温度为 15 ~ 25℃。
光照：喜光，日照要充足。

冬季养护需要注意什么？

冬季是休眠期，应禁止浇水，保持盆土干燥；如果温度不低于 2℃，还可安全过冬；如果温度低于 2℃，可用塑料薄膜将它罩起来，甚至可用棉花和稻草包裹，然后储存起来，这样即使温度在 0℃以下，也能安全过冬。

多棱球

多年生肉质草本植物。植株球形，外面密集分布着波浪状的棱，每个棱上有两个刺座，上面长有密集的黄色小刺，刺的颜色会逐渐变成灰色。球体顶端开钟状的白色花，花瓣上有淡紫色细脉。果实外部被鳞片包围，裂开后会露出黑的种子。

别名：多棱玉
科属：仙人掌科多棱球属
产地：墨西哥
花期：春季

栽培方法

种植： 盆土以沙壤土为主，掺杂花园土和腐叶土。选择直径 8 ~ 12 厘米的花盆，每年早春季节换盆、土 1 次。

施肥： 每月施 1 次稀薄有机肥；冬季减少施肥量并延长施肥周期，大概每两个月 1 次；早春季节可以增施磷钾肥。

浇水： 每 20 天浇 1 次水，浇水时注意不要把水直接浇在球体上面，以免引起球体腐烂。

温度： 适宜生长温度为 15 ~ 25℃。

光照： 喜欢温暖、向阳和通风的地方，但夏季高温时，不可置于强光下，应放在阴凉处。

繁殖方法

繁殖方法为播种和扦插。春季开花之后，将饱满的黑色果实保存好，当气温达到 20 ~ 25℃时可播种；也可以扦插繁殖，温度与播种温度一样，选择球体顶部生长良好的部位切除，切除部位会长出小球，当小球生长到直径 1 厘米左右时，可移入新盆中栽植。

金琥

　　多年生肉质单生植物，绿色，形状为球形，外部均匀分布着棱，棱脊有刺座，呈金黄色。花开于顶部，颜色为白色、黄色或者金黄色，一般 20 ～ 30 年才会开花。

别名：象牙球
科属：仙人掌科金琥属
产地：墨西哥
花期：夏季

栽培方法

种植：盆土选择沙壤土，适量加入腐叶土、石灰质和一些草木灰，盆土底部应放入一些碎瓦片。选择直径 15 ～ 18 厘米的花盆，每年春季换盆、土 1 次。

施肥：春秋季每周施 1 次有机肥；夏季 7、8 月停止施肥；冬季 11 月至来年春季不施肥。

浇水：生长期应保持充足的水分；夏季休眠期应停止浇水；冬季气温低时也应保持盆土干燥。

温度：适宜生长温度为 12 ～ 25℃，冬季温度不能低于 5℃。

光照：喜欢阳光充足的环境，夏季应避免强光，否则容易使顶部受伤，冬季则应保证每天 6 小时以上的光照。

药用价值

　　具有清热消毒、消肿止痛、润肠止血、健脾止泻的作用，同时对于治疗心脑血管疾病也有一定的功效。

金冠

多年生肉质植物，单生，绿色球体，球体外面分布着均匀的棱，棱上有放射状的金黄色小刺。花生于球体顶端，橘黄色，还略发红。

别名：无
科属：仙人掌科锦绣玉属
产地：南美洲
花期：夏季

栽培方法

种植： 盆土以沙壤土为主，可加入一些腐叶土和粗沙，花盆底部应放置一些碎瓦片，以保证排水。选用直径 8 ~ 12 厘米的花盆，每年春季换盆、土 1 次。

施肥： 每半个月施 1 次稀薄有机肥；秋季快入冬时每月施 1 次即可，否则冬天很容易冻伤。

浇水： 夏季为生长旺季，可增加浇水次数；其他季节，每月浇 1 次水，1 次浇透，要注意不要把水直接浇到球体上；夏季一般在早上浇水，春秋季则在晚上。

温度： 适宜生长温度为 15 ~ 25℃。

光照： 喜光，应放在通风、向阳的地方。

换盆、土有什么讲究？

每年春季，应该换盆、土 1 次，换盆、土时，应该将根部的沙土轻轻拍下，并将老根、杂根剪去，再植入新盆土中，还应在新盆土中加一些有机肥，相当于追肥，这样有利于植株生长。

鸾凤玉

单生植物，形状为球形或长球形，有 3 ~ 8 个棱，一般常见的为 5 个棱，棱脊上长有刺座，刺座上有褐色的窝状绒毛，颜色为深绿色，表面有白色的星点。花生于球体顶端，为黄色。

别名：僧帽
科属：仙人掌科星球属
产地：墨西哥
花期：春季

栽培方法

种植：盆土以腐叶土和泥炭土为主，再加入花园土、粗沙、炉渣，也可以加入一些腐熟的有机肥。选择直径 12 ~ 15 厘米的花盆，每年春季换盆、土 1 次。

施肥：每 20 天左右施 1 次腐熟的有机肥，施肥时应以低氮肥以及富含磷、钾的肥料为首选；冬季气温低于 5℃时，应停止施肥。

浇水：每两周浇水 1 次；10 月至来年 1 月期间，应减少浇水量。

温度：适宜生长温度为 13 ~ 28℃，冬季温度不能低于 5℃。

光照：喜欢阳光，但夏季应放置在通风、阴凉的地方，冬季则应保证充足的光照。

播种时间

播种时间一般在 4 ~ 6 月。

乌羽玉

多年生肉质草本植物，根部粗壮，分株多，呈球形或扁球形，形似萝卜，螺旋状分布，表面呈暗绿色或灰绿色。顶端长满绒毛，开淡粉色或紫红色小花。

别名：僧冠掌、乌鱼
科属：仙人掌科乌羽玉属
产地：南美洲的荒漠地区
花期：春秋季

栽培方法

种植： 盆底放大石块，然后再放腐叶土、草炭土和粗沙。准备直径 15 ～ 20 厘米的深花盆，每年 4 月换盆、土 1 次。

施肥： 生长期每月施腐熟的稀薄有机液肥或"低氮、高磷、高钾"的复合肥 1 次。

浇水： 生长期保持盆土湿润，其他时期不宜过度浇水。

温度： 适宜生长温度为 15 ～ 20℃，冬季温度不能低于 5℃。

光照： 喜欢温暖的环境，需要充足的光照。

繁殖方法有哪些?

可采取播种、嫁接和扦插三种繁殖方法繁殖，其中以扦插法最为常用。可将生长期内的子球或穗球剪切掉，晾成半干，然后再放入稍湿的素沙土中，用白纸盖住球体即可。

 小贴士

乌羽玉造型奇特，可作盆栽装饰房间，起到净化空气的作用。此外，它本身含有特有的墨斯卡灵等生物碱，可入药。

蟹爪兰

多年生肉质附生小灌木，因分节部位形似螃蟹的副爪而得名。茎部多节，扁平如叶状，通体鲜绿，边缘长有较粗的锯齿。花的颜色有淡紫色、黄色、红色、白色等。

别名：圣诞仙人掌
科属：仙人掌科蟹爪兰属
产地：巴西
花期：9月到次年4月

栽培方法

种植：盆装腐叶土、泥炭和粗沙的混合土。准备直径18～22厘米的花盆，每年春季换盆、土1次。

施肥：施稀释的饼肥水，但不宜多施。

浇水：不宜浇水太多，要等到盆土干燥时再浇。

温度：适宜生长温度为18～23℃，冬季温度不能低于10℃。

光照：喜欢温暖的环境，但只需要短暂的光照。

有哪些病虫害？

易发腐烂病，如有发现，可用消过毒的小刀切除腐烂部分；还易受介壳虫和蚜虫虫害危害，可用40%的氧化乐果1000倍液或50%杀螟松乳油喷杀。

橙宝山

　　群生球体植物，基部易生子球。球体外部被密集的篦齿状白刺，上面无棱，绿色。花生于球体基部，呈漏斗状，橙红色，虽然花较小，但数量较多。

别名：子孙球
科属：仙人掌科子孙球属
产地：玻利维亚
花期：夏季

栽培方法

种植：盆土选择腐叶土、花园土或沙壤土。准备直径 8 ～ 10 厘米的花盆，每年春季换盆、土 1 次。

施肥：每月施有机肥 1 次，冬季则减少施肥量。

浇水：每半个月浇 1 次水，也可在土干之后浇水；春季生长期应保证充足的水分；冬季则应控制浇水量。

温度：适宜生长温度为 20 ～ 25℃，冬季移至室内光线明亮处，并维持 8 ～ 10℃的室温。

光照：性喜温暖、光照充足的环境，但夏季应避免强光直射，而冬季则应放在温暖向阳的地方。

如何繁殖?

　　通过播种的方法繁殖，一般在春季用开花之后的果实播种，有利于植株发芽，可增加存活率。

鼠尾掌

多年生肉质植物。变态茎细长，通常呈匍匐下垂状，幼茎绿色，成熟后变灰色，无叶，上有 10 ~ 14 棱，每隔 0.5 厘米着生 15 ~ 20 枚的短刺丛，新刺为红色，后逐渐变为黄色至褐色。花漏斗状，粉红色。

别名：金钮
科属：仙人掌科鼠尾掌属
产地：墨西哥
花期：4 ~ 5 月

栽培方法

种植：宜用具有良好排水性和透气性的肥沃土壤，可以用腐叶土、粗沙和壤土混匀配制，还可以加入一些麻酱渣作为基肥。

施肥：生长期每 10 ~ 15 天施液肥 1 次，正常情况下每月施 1 次。

浇水：生长期需充分浇水，并多喷水，保持较高的空气湿度。

温度：适宜生长温度为 24 ~ 26℃。

光照：喜光，日照要充足；盛夏时在室外栽培，需适当遮阴；冬季需搬进室内，放在阳光充足的地方。

养护需要注意什么？

要遵循"干透浇透"的浇水原则，不可使土壤过湿，以免烂根。它不耐寒，除亚热带地区外，其他地区均要在室内越冬，室温应不低于 10℃。

万重山

多年生肉质植物。植株为不规则的圆柱形或假山形，上有较长的褐色毛刺，但刺座上无长毛，暗绿色。花为白色或粉红色，呈喇叭状或漏斗状，往往夜开昼闭。

别名：山影、仙人山
科属：仙人掌科仙人柱属
产地：南非
花期：夏、秋季

栽培方法

种植： 宜选用通气、排水良好、富含石灰质的沙质土壤。

施肥： 一般不需要施肥，每年换盆时，在盆底放少量骨粉、有机肥料作基肥即可，应慎用高浓度化学肥料，也可用麻酱渣等有机肥沤制液肥，稀释后再浇灌盆土。

浇水： 浇水要浇透，夏天 3 ~ 5 天浇 1 次水，如果进入持续阴雨天，应提前控制浇水。

温度： 适宜生长温度为 15 ~ 30℃。

光照： 喜光，日照要充足。

冬季养护需要注意什么？

冬季，如果室外温度低于 5℃，就要移入室内的向阳处，并且室温需维持在 5 ~ 10℃，如果气温骤降，还要在它上面罩上塑料袋保暖。

英冠玉

多年生肉质植物，单生或群生。植株为球形或柱形，有 11 ~ 15 个棱，上有呈毛状的黄白色放射状刺 12 ~ 15 枚，呈针状的褐色中刺 8 ~ 12 枚；顶部密生绒毛，刺座密集。花较大，直径为 5 ~ 6 厘米，花冠呈漏斗状，鹅黄色。

别名：莺冠玉
科属：仙人掌科南国玉属
产地：巴西的高原地区
花期：6 ~ 7 月

栽培方法

种植：宜选用肥沃、疏松、排水良好的沙质壤土，可用腐叶土、培养土和粗沙的混合土栽植。每年春季换盆，并修剪根系。

施肥：生长期施肥 2 ~ 3 次，以复合肥和有机肥为主，忌偏施氮肥。

浇水：生长期保持盆土湿润，冬季保持土壤干燥。

温度：适宜生长温度为 18 ~ 24℃，不耐寒，冬季温度不能低于 5℃，短期可耐 0℃低温。

光照：喜光，盛夏应适当遮阴。

养护需要注意什么？

常用繁殖方式有播种、扦插、嫁接，一般都在春秋季进行，发芽适宜温度为 20 ~ 24℃。此外，它虽然很少有病虫害，但有时也会受到根腐病、炭疽病、红蜘蛛等病虫害侵扰，一定要对症防治。

昙花

附生肉质灌木植物，多分枝，分枝会产生气根。叶片为披针形至长圆状披针形，侧扁，叶缘为波状或有深圆齿，基部则渐尖，深绿色。花呈漏斗状。

别名：韦陀花、琼花
科属：仙人掌科昙花属
产地：墨西哥
花期：6～10月

栽培方法

种植：宜用富含腐殖质、排水性能好、疏松肥沃的微酸性沙质土。

施肥：生长期每半月施1次腐熟的饼肥水，也可加硫酸亚铁；开花期可增施1次骨粉或过磷酸钙。

浇水：夏季应多浇水，早晚各喷水1～2次，以增加空气湿度，保持盆土湿润，但不可积水；春秋季应减少浇水量；冬季要严格控制浇水，保持盆土不太干即可。

温度：适宜生长温度为15～25℃。

光照：喜半阴、温暖的环境，忌烈日曝晒。

施肥需要注意什么？

春季，随着气温升高，不宜过分浇水和施肥，以免花蕾掉落；秋季，如果没有足够的养分，昙花不易开花或开花的数量较少，可追施腐熟液肥；冬季，要勤水、停肥，并把它放在光照充足处，如果冬季室温过高，还会从基部萌发新芽，这时应及时摘除，以免消耗养分，影响春后开花。

翁柱

多年生大型肉质植物。植株呈圆柱状，上有排列紧密的刺座，刺座上有密集的白毛，棱 20 ～ 30 个，细黄刺 1 ～ 5 个。花呈漏斗状，白色，中脉有红色，而原产地的翁柱只有在长到约 6 米高时才开花。

别名：白头翁
科属：仙人掌科翁柱属
产地：墨西哥
花期：夏季

栽培方法

种植：盆土除腐叶土、粗沙和碎砖外，还可添加陈灰墙屑。
施肥：生长期每月施低氮素肥 1 次。
浇水：生长期盆土不宜过湿，特别是在夏季高温和冬季低温时。
温度：适宜生长温度为 16 ～ 32℃。
光照：喜光，盛夏应适当遮阴。

怎样进行病害防护？

如果发生斑枯病和炭疽病病害，可用 65% 代森锌可湿性粉剂 600 倍液喷洒；如果发生粉虱和红蜘蛛病害，可用 50% 杀螟松乳油 1000 倍液喷杀。

山影拳

因外形似山丘得名，枝干上有褐色长刺，但刺座上无长毛，颜色虽多变，但仍以暗绿色为主。只有 20 年以上的山影拳才会开花，通常夜开昼闭，花为白色或粉红色，呈大型喇叭状或漏斗状。果实较大，为红色或黄色，可食，种子则为黑色。

别名：山影、仙人山
科属：仙人掌科天轮柱属
产地：中美洲及阿根廷
花期：夏秋季

栽培方法

种植：宜用透气性和排水性良好且富含石灰质的沙质土壤，可用腐叶土、园土各 2 份以及沙土 3 份混匀后使用。每 2 ~ 3 年于春季换盆 1 次。

施肥：一般不需要施肥，只在每年换盆时，在盆底放少量骨粉、有机肥料作基肥即可，千万不能施用高浓度的化学肥料，否则会出现肥害，也可用麻酱渣等有机肥沤制液肥。

浇水：宜少不宜多，可每隔 3 ~ 5 天浇 1 次水，保持土壤稍干燥。

温度：适宜生长温度为 15 ~ 32℃。

光照：喜阳光，也耐阴。

怎样进行病虫害防治?

在干燥、通风较差的情况下，容易受红蜘蛛、介壳虫等病虫害侵扰，可用机油乳剂 50 倍液喷洒，也可用刀挖除受虫害侵扰部分，使它长出新的变态茎。此外，它还会发生锈病，可用 50% 的萎锈灵可湿性粉剂 2000 倍液涂抹。

白鸟

呈球状，单球直径约 3.5 厘米，球质很软，通体有软白刺，刺座也比较密集，上有纤细的周刺约 100 根，长度为 0.1 ～ 0.5 厘米，颜色为白色，但没有中刺。花的颜色为淡红色中带点紫色，花盛开时的直径为 2 ～ 3 厘米。果实圆形，呈洋红色。

别名：无
科属：仙人掌科乳突球属
产地：墨西哥克雷塔罗州
花期：5 ～ 7 月

栽培方法

种植：盆土以珍珠岩混合泥炭，并加有蛭石和煤渣的透气性良好的土壤为佳，每 1 ～ 2 年换盆 1 次。

施肥：生长期每月施 1 次薄肥。

浇水：干透即浇水，成株可少量给水，浇水时注意不要兜头淋。

温度：最低生长温度为 2℃。

光照：喜光，但不耐曝晒。

养护需要注意什么？

应在阳光充足又不直射且通风良好的环境中养护，应避免放在闷热潮湿的环境中养护。

 小贴士

白鸟是多肉植物中的小型品种，身上的白色小刺短而柔软，看起来毛茸茸的，非常可爱，可作盆栽，将它放在书桌、电脑桌等处作装饰。

点纹十二卷

多年生常绿植物，植株不大。叶片为三角形，下厚上粗，顶部尖锐，叶面上分布着白色凸起的点状物，无光泽，呈深绿色；叶片轮生，整体呈莲座状。花序从叶边抽出，开蓝紫色的小花，有筒状花萼。

别名：无
科属：百合科十二卷属
产地：南非
花期：5 月

栽培方法

种植： 喜欢排水性能好且富含腐殖质的土壤，盆土以沙壤土为主，掺杂一些肥沃的腐叶土。花盆直径 10 ~ 15 厘米，每年春季换盆、土 1 次。

施肥： 春秋两季为生长期，每两周施 1 次复合肥，而冬夏两季气温过低或过高会使其停止生长，则每月只施 1 次肥。

浇水： 每两周浇 1 次水，需保持盆土干燥，而冬夏两季因进入休眠期，可减少浇水次数。

温度： 适宜生长温度为 15 ~ 30℃，冬季气温不能低于 10℃。

光照： 喜光，应放在通风且光线好的地方。

根部腐烂怎么办？

要保持干燥，因为过于湿润的土壤，易导致根部腐烂；如果发现根部腐烂，应及时把腐烂的部位切除，再晾干根部，然后再在切除部位抹上一层草木灰，重新放入盆土中即可，只要保持盆土干燥，根部就会慢慢恢复。

九轮塔

多年生常绿多肉草木，植株呈柱状，茎轴短。叶片肥厚，呈轮状，抱茎先断向内弯曲，再向高处生长，叶面有排列成行的白色颗粒。

别名：霜百合
科属：百合科十二卷属
产地：南非
花期：春季

栽培方法

种植： 盆装腐叶土、肥沃园土和粗沙的混合土。准备直径 12 ～ 15 厘米的花盆，每年春季换盆、土 1 次。

施肥： 生长期每月施肥 1 次，可用稀释的饼肥水，冬季休眠期可不施肥。

浇水： 春季新栽植株只需喷水保持盆土湿润，不需浇水；盛夏和冬季为半休眠期，要保持盆土干燥。

温度： 适宜生长温度为 10 ～ 24℃，冬季温度不能低于 10℃。

光照： 喜欢阳光充足的环境，但忌强光，夏季应给予散光。

如何繁殖？

繁殖方式有扦插和分株，尤以扦插为常用。一般用靠叶腋或茎轴基部长出的侧枝扦插，将侧枝剪下后切成几段，然后晾干，插入沙土，3 周左右即可生根；春季也可采用分株的方式繁殖。

 小贴士

九轮塔株型端庄，造型别致，给人以积极向上之感，可作盆栽，摆放在窗台、几案、书桌上，其清秀翠绿的外形，给人以耳目一新的感觉。

琉璃殿

呈莲座状排列，排列时像风车一样向一个方向旋转。叶片肥厚，先端较尖，叶面有明显的龙骨突，叶背有横条凸起，像琉璃瓦，呈深绿色。开白花，有绿色中脉。

别名：旋叶鹰爪草
科属：百合科十二卷属
产地：南非
花期：夏季

栽培方法

种植：盆装培养土、腐叶土和粗沙的混合土，可加 5% 的蛋壳粉、牛粪。准备直径 10 ~ 15 厘米的花盆，每两年于春季换盆、土 1 次。

施肥：生长期每月施肥 1 次，可用稀释的饼肥水或 15-15-30 的盆花专用肥，冬季休眠期可不施肥。

浇水：生长期可保持盆土稍湿润；冬夏则不可浇水过多，应保持盆土干燥。

温度：适宜生长温度为 18 ~ 24℃，冬季温度不能低于 5℃。

光照：喜欢阳光充足的环境，能耐强光，适宜在向阳的环境中生存。

会遭遇病虫害吗?

易患叶斑病和根腐病，除保持通风外，可用 50% 托布津可湿性粉剂 500 倍液喷洒；还易患粉虱和介壳虫虫害，可用 40% 氧化乐果乳油 1000 倍液喷杀。

 小贴士

琉璃殿株型端庄、叶形奇特，是室内装饰的理想植物，一般常作瓶景或组合盆栽，若用精致的花盆摆放，无论摆放在何处，都能起到良好的装饰效果。

条纹十二卷

多年生肉质草本植物，植株较小，株高、株幅均为 15 厘米左右，无茎，从基部抽芽，群生。叶片呈三角状披针形，绿色至深绿色，紧密轮生，整体呈莲座状；叶端渐尖，叶面扁平，叶背横生整齐的白色瘤状突起，形成横向白色条纹。总状花序，花呈筒状。

别名：条纹蛇尾兰
科属：百合科十二卷属
产地：非洲南部干旱地区
花期：夏季

 栽培方法

种植：宜选用肥沃疏松、排水良好的沙壤土，也可用腐叶土配制。

施肥：生长期每 3 周施肥 1 次。

浇水：干透浇透，忌积水。

温度：适宜生长温度为 16～20℃。

光照：喜光，夏季应适当遮阴。

冬季养护需要注意什么？

冬季是休眠期，一定要控制好肥水，间隔周期一般为 7～10 天；晴天或温度较高时，间隔周期稍短；阴雨天或温度较低时，间隔周期稍长。此外，浇水时间要尽量安排在晴天中午温度较高时。

万象

草本植物。叶片酷似象腿，呈圆筒形；叶顶为切面，切面上有不规则的白色花纹；幼叶为灰绿色，成熟时则变为红褐色；适宜在半阴处生长，因为只有这样叶片才会显得翠绿光亮，而如果在强光下生长，则变成难看的淡红色。

别名：毛汉十二卷
科属：百合科十二卷属
产地：南非
花期：春季

栽培方法

种植：适宜疏松、肥沃、排水性良好的土壤，盆土以泥炭土、蛭石和珍珠岩为主，可加入少量草木灰或骨粉。选择直径 8 ~ 12 厘米的花盆，每年春季换盆、土 1 次。

施肥：生长期每月施 1 次腐熟的稀薄液肥或复合肥，夏季高温时应停止施肥，冬季气温过低时也应停止施肥。

浇水：生长期每两周浇水 1 次，保持盆土干燥；夏季不适宜长期淋雨；冬季气温低时应停止浇水。

温度：适宜生长温度为 18 ~ 28℃，冬季温度不能低于 5℃。

光照：喜光，但夏季不能放在强光下。

繁殖方法有哪些？

繁殖方法有播种、分株、扦插。繁殖时间一般为秋季，春季也可以。播种 1 周左右就会发芽；分株和扦插 1 个月左右就可生根。

寿

多年生肉质草本植物，外形奇特。茎较短。叶片肥厚，呈绿色，叶的前端有三角形或近似三角形的"窗"，"窗"透明，上面有点状和线状的纹路；旋转生长，整体排列如莲座状。

别名：透明宝草
科属：百合科十二卷属
产地：非洲南部
花期：冬末或早春

栽培方法

种植： 盆装腐叶土和粗沙的混合土。准备直径 10 ~ 15 厘米的花盆，每两年于春季换盆、土 1 次。

施肥： 生长期每月施肥 1 次，可用稀释的饼肥水或 15-15-30 的盆花专用肥，还可加入少量的干牛粪或颗粒状有机肥。

浇水： 生长期保持盆土湿润，但应避免积水；休眠期宜保持盆土干燥。

温度： 适宜生长温度为 21 ~ 25℃，冬季温度不能低于 10℃。

光照： 喜欢半阴的环境，一般给予散射光或遮阴 50%，但也应避免光线不足，否则易徒长。

发生病虫害时怎么办？

寿患根腐病和炭疽病病害，可用 50% 的克菌丹 800 倍液喷洒；患介壳虫病害时，可用 40% 的乐果乳油 2000 倍液喷杀。

 小贴士

寿有很多品种，有的上面有花纹，有的颜色不同，如红寿，它的叶面呈淡绿色，且带有红晕；康平寿，它的叶顶为绿色，并有网状脉纹，这些均有较高的观赏价值，适合作室内盆栽或瓶景。

玉露

多年生肉质草本植物。叶片肥厚而透明，翠绿色，叶顶端有细小的"须"，整体排列如紧凑的莲座状。总状花序，开白色小花。

别名：绿玉杯
科属：百合科十二卷属
产地：南非
花期：夏季

栽培方法

种植：盆装腐叶土、培养土和粗沙的混合土，可加少量骨粉。准备直径 10 ~ 15 厘米的花盆，每两年春季换盆、土 1 次。

施肥：生长期每月施肥 1 次，可用稀释的饼肥水或 15-15-30 的盆花专用肥，冬季休眠期不施肥。

浇水：生长期保持盆土稍湿润；夏季高温时，要经常向叶片周围喷雾以降温保湿；秋冬季则要保持盆土干燥。

温度：适宜生长温度为 18 ~ 22℃，冬季温度不能低于 12℃。

光照：喜光，宜摆放在窗台、阳台等向阳处，但夏季需遮阴 50%。

需要注意些什么？

玉露是"玻窗植物"的代表，养殖时要控制好光照和水分。若遮阴过多，植株就会松散，叶片"窗"的透明度较差；若光照太强，叶片易受伤，可造成生长不良或呈现难看的浅红褐色。若过于干旱，叶片就会干瘪，失去"玻"的晶莹；若水分稍多，又容易烂根。

姬玉露

多年生肉质草本植物，是一种"有窗植物"。叶片肥厚，透明或半透明，呈翠绿色；叶上有线状脉纹，如果阳光充足，脉纹为褐色；叶端还有细小的"须"；整体排列如莲座状。

别名：水晶白玉露
科属：百合科十二卷属
产地：南非
花期：3～5月

栽培方法

种植： 宜用具有良好排水性和透气性、疏松肥沃且含有石灰质的颗粒较大的沙质土壤，常用腐叶土 2 份、粗沙或蛭石 3 份的混合土栽种，并掺入少量骨粉。每年春季或秋季换盆 1 次。

施肥： 生长期长势旺盛的植株可每月施 1 次腐熟的稀薄液肥或低氮高磷钾的复合肥，新上盆或长势较弱的植株则不必施肥。

浇水： 生长期浇水掌握"不干不浇，浇则浇透"的原则，避免积水，更不能雨淋，以避免烂根。

温度： 能耐 3～5℃的低温。

光照： 对光照极其敏感，过强或过弱都不利于植株生长。

养护需要注意什么？

根系分泌的酸性物质，可能会造成土壤酸化和根部老化，因此，如果发现植株突然停止生长，叶片也变得不再饱满，很可能是根系出现问题，这时应及时修剪根系，将老化中空和过长的根系剪掉，只保留新根，然后换上新盆土。

玉扇

多年生肉质植物，植株矮小，无茎，根系比较粗壮。叶片肉质，对生，呈绿色至暗绿褐色；它向两侧伸长，并稍向内弯，顶部略凹陷，可排成两列扇面；叶面粗糙，上面有小疣状突起，呈灰白色，有的小疣状透明，总状花序，花呈筒状，颜色为白色，中肋则为绿色。

别名：截形十二卷
科属：百合科十二卷属
产地：南非
花期：夏季至秋季

栽培方法

种植： 盆土宜选用疏松肥沃、排水性良好的沙质土壤，可用腐叶土掺蛭石及少量骨粉等混合配制。每年春季或秋季换盆 1 次，由于玉扇根系发达，应选用较深的花盆。

施肥： 每 20 天施稀薄液肥 1 次。

浇水： 喜湿润的环境，保持盆土湿润，生长期可经常向植株喷雾，但水珠不宜长时间滞留在叶面上，忌积水。

温度： 适宜生长温度为 10 ～ 25℃。

光照： 喜充足的阳光。

夏冬季养护需要注意什么？

夏季是休眠期，可放在通风、凉爽处养护，同时要避免烈日曝晒，减少浇水，停止施肥，以防因闷热潮湿、水肥过大而引起植株腐烂；冬季，玉扇需要充足的阳光，10℃以上可继续浇水，10℃以下要控制浇水。

水晶掌

多年生肉质草本植物，株高约 5 厘米，茎较短。叶片肥厚，呈长圆形或匙状，翠绿色，呈半透明状，互生，整体紧密排列如莲座状；叶面间有青色的斑块，叶缘有白色的细锯齿，像绒毛一样。顶生总状花序，花从叶簇中央的叶腋间抽出，但高于叶簇。

别名：宝草
科属：百合科十二卷属
产地：南非
花期：6 ~ 8 月

栽培方法

种植：宜选用肥沃、排水性良好的沙质土壤，可用壤土和粗沙各半混合配制，酌情加入少量骨粉作为培养土。它的根系很浅，应选用比较小的浅盆。

施肥：每年春季施以磷、钾肥为主的淡液肥 1 ~ 2 次。

浇水：生长期保持盆土湿润。

温度：适宜生长温度为 20 ~ 25℃。

光照：喜光，忌烈日曝晒。

养护需要注意什么？

要避免曝晒，因为强光会导致植株生长不良，叶片由绿色变为浅褐色，叶面也不再透明，而在半阴处生长的植株，则碧绿透明，宛如翡翠般晶莹剔透，十分可爱。

波路

多年生肉质草本植物。叶片肥厚，深绿色，呈三角形带状，长 7 ～ 8 厘米；叶端较尖，叶缘有细锯齿，叶面有白色斑点和软刺，叶背有一条龙骨突；整体呈莲座状排列，叶片多达 40 ～ 50 片。顶生圆锥状花序。

别名：缓锦
科属：百合科元宝掌属
产地：南非
花期：秋季

栽培方法

种植：栽植时宜选择肥沃、疏松和排水良好的沙质壤土。每年春季换 1 次盆。

施肥：生长期每半月施薄肥 1 次。

浇水：不耐水湿，生长期保持盆土稍湿润即可，忌积水。

温度：适宜生长温度为 20 ～ 24℃，冬季温度不能低于 8℃。

光照：喜欢阳光充足的环境，耐半阴，不耐阳光曝晒。

怎样繁殖?

繁殖方式主要有分株和扦插两种。分株宜在 4 ～ 5 月结合换盆进行，将母株基部的幼株取下，扦插于沙床上即可，如果幼株带根，则可直接栽入盆中。扦插可在 5 ～ 6 月进行，将叶盘顶部切掉，晾干切口后，放在沙床上即可。

不夜城芦荟

多年生肉质植物，簇生，株高可达 30 厘米，有分枝，整体呈莲座状。叶片或有黄色或黄白色纵条纹，或整个都呈黄色。

别名：不夜城、大翠盘
科属：百合科芦荟属
产地：南非
花期：夏季

栽培方法

种植：盆装腐叶土、培养土、河沙的混合土，再加入少量骨粉和石灰质。每盆可栽苗一株，但要避免栽种太深。准备直径 12 ~ 15 厘米的花盆，每年春季换盆、土。

施肥：每半月施肥 1 次，可用 15-15-30 的盆土专用肥，也可将一些缓效肥撒在盆土表面，让植株慢慢吸收。若用稀薄液肥，应避免肥液滴在叶片上，否则会引起黑斑病。

浇水：刚栽种时不宜浇水太勤，生长期则可多浇水，保持盆土湿润。若水分不足，叶片会变薄，颜色会变淡。夏季休眠期应控制浇水，冬季则保持盆土干燥。

温度：适宜生长温度为 15 ~ 25℃，冬季温度不能低于 5℃。

光照：喜温暖、干燥的环境，需要充足光照。

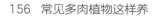

怎样繁殖?

用分株或扦插的方法繁殖。扦插一般在春季进行，将母株旁的幼株剪下，插入沙土中，生根后移入盆栽。扦插要在初夏进行，取顶端短茎，将切口晾干后，再插入沙土中，2 ~ 3 周即可生根。

翡翠殿

植株较小，茎直立生长，根部则会长出新生植株。叶片为卵状三角形，互生，边缘有小刺，叶面、叶背都有白色的不规则斑点，整体呈莲座状，颜色为淡绿色或黄绿色，如果光线过强，叶片则会呈褐绿色。总状花序，开橙黄色或橙红色小花，有 10 ~ 20 朵；果实像草帽，且有翅，形状奇特。

别名：无
科属：百合科芦荟属
产地：南非
花期：夏季

栽培方法

种植：盆土选择花园土、草木灰或腐叶土。选择直径 8 ~ 12 厘米的花盆，每年春季换盆、土 1 次。

施肥：每两周施 1 次稀薄的复合肥；冬季气温过低时，不用施肥；春季气温回升时可追肥 1 次。

浇水：除冬季外，其他季节每 10 天浇 1 次水。

温度：适宜生长温度为 15 ~ 30℃，冬季温度低于 8℃会停止生长。

光照：喜温暖，怕强光，适合在室内通风阴凉处生长。

怎样繁殖?

尽管翡翠殿会结出果实，但它的繁殖方法依然是以扦插为主。春秋季为翡翠殿的生长旺盛期，这时它的根部会长出新的小植株，待小植株萌发成株之后，扦插移植入新盆土中单独养护即可。

小贴士

翡翠殿是芦荟的品种之一，因植株娇小而被人喜爱，适合制成盆栽，放在室内养护，不仅能美化环境，而且还能防辐射以及吸收空气中的粉尘等。

芦荟

常绿多肉草本植物。叶片呈座状，簇生，生于茎顶，叶缘有尖齿状刺。花的颜色为红色和黄色，有的还有赤色斑点，花序有伞状、总状、穗状、圆锥状等。

别名： 卢会、讷会
科属： 百合科芦荟属
产地： 地中海沿岸及非洲
花期： 夏初

栽培方法

种植： 盆装培养土和粗沙的混合土，可加少量沙砾灰渣。准备直径 10 ～ 15 厘米的花盆，每年春季换盆、土 1 次。

施肥： 生长期每月施肥 1 次，可用堆肥或 15-15-30 的盆花专用肥，尽量使用发酵的有机肥，可增添翠色。冬季休眠期可不施肥。

浇水： 生长期保持盆土稍微湿润，但要避免积水。冬季保持盆土干燥。

温度： 适宜生长温度为 15 ～ 35℃，冬季温度不宜低于 5℃，若低于 0℃就会冻伤。

光照： 喜欢阳光充足的环境，除夏季应适当遮阴外，其余均要放在向阳的地方。

吃芦荟会中毒吗？

芦荟有美容通便的功能，有些爱美的女士想通过食用芦荟来美容，但可食用的芦荟仅几种，一般食用 9 ～ 15 克就可中毒。因此，食用时要谨慎，建议用煮汤的方式烹调。

千代田锦

多年生肉质植物,植株健壮,茎较短。叶片肥厚,呈三角剑形、覆瓦形,深绿色,旋叠状生长;叶面布满银白色或灰白色斑纹,叶缘密生白色的肉质刺。

别名:木锉芦荟
科属:百合科芦荟属
产地:非洲南部
花期:夏季

栽培方法

种植: 盆装泥炭土、肥沃园土和粗沙的混合土,可加少量骨粉和石灰质材料。准备直径 10 ~ 15 厘米的花盆,每年春季换盆、土 1 次。

施肥: 生长期每月施肥 1 次,可用腐熟的饼肥水或 15-15-30 的盆花专用肥。

浇水: 生长期每周浇水 1 次,保持盆土湿润;夏季进入半休眠期,每 2 ~ 3 周浇水 1 次,保持盆土干燥。

温度: 适宜生长温度为 15 ~ 25℃,冬季温度不能低于 8℃。

光照: 喜欢阳光充足的环境,但夏季应注意遮阴。

如何水培?

首先要选择株型较好的,把根洗净,用母株旁生的压水养着,2 ~ 3 周就会长出新根,随后每两周换水 1 次,夏季高温时可每周换水 1 次,每 3 周加 1 次营养液,如果有枯黄的叶子,还应及时剪去。

 小贴士

千代田锦叶色斑斓,花朵艳丽,是一种叶花共赏的多肉植物,适合小盆栽种,可用来点缀书桌、几案、窗台,装饰效果很好,也可用来装饰橱窗,还可为植物爱好者所收集。

卧牛锦

多年生肉质草本植物，植株粗壮。叶片肥厚坚硬，呈舌状，绿色或深绿色；随着叶片的增多，可叠生成两列，如莲座状；叶表密布着许多小疣突。总状花序，花下垂生长，下面为橙红色，上面为绿色。

别名：厚舌草
科属：百合科沙鱼掌属
产地：南非的开普省
花期：秋季

栽培方法

种植：盆装腐叶土和粗沙的混合土。准备直径 10 ~ 15 厘米的花盆，每 2 ~ 3 年于春季换盆、土 1 次。

施肥：全年施肥 2 ~ 3 次，可用稀释的饼肥水或 20-20-20 的盆花通用肥，冬季休眠期不施肥。

浇水：生长期每周浇水 1 次，保持盆土湿润；夏季减少浇水量，可通过喷雾降温保湿；冬季保持盆土干燥。

温度：适宜生长温度为 13 ~ 21℃，冬季温度不能低于 10℃。

光照：喜欢阳光充足的环境，需要充足的光照，但夏季需注意遮阴。

怎样繁殖?

采用盆播的方式繁殖，一般在 4、5 月份进行，两周左右即可发芽，来年春季可换盆栽种幼株，这时的形状不固定，它的幼株可长成带黄色斑锦的，也可长成绿色的，因此，一定要注意养护。

子宝

多年生肉质草本植物。叶片肥而坚硬，叶面光滑，颜色为黄白相间，状似"猫舌"；幼株为两层叠状分布，长大后则呈莲座状分布。

別名：虎子卷、子宝锦
科属：百合科沙鱼掌属
产地：南非
花期：春夏季

栽培方法

种植：盆土用腐叶土和粗沙的混合土培植。准备直径 16～20 厘米的花盆，每隔 2～3 年于春季换 1 次花盆和土。

施肥：生长期每月施稀释的饼肥水或 20-20-20 的盆花通用肥 1 次。

浇水：生长期保持盆土湿润；夏季保持稍微干燥，多喷雾；秋季一个月浇 1 次水；冬季保持盆土干燥。

温度：适宜生长温度为 12～21℃，冬季温度不能低于 10℃。

光照：喜欢阳光，但忌曝晒。

易遭受哪些病虫害？

生长期易患叶斑病和锈病，可用 15% 的三唑酮可湿性粉剂 500 倍喷洒；也易受粉虱和黑象甲侵扰，一旦发现，可用 40% 的氧化乐果乳油 1000 倍喷杀。

碰碰香

多年生肉质亚灌木植物，全株密被白色的细绒毛。分枝较多，茎较细，呈匍匐状生长。叶片肥厚，呈卵圆形，边缘有较钝的锯齿，绿色，对生。开白色小花。

別名：一抹香
科属：唇形科香茶菜属
产地：非洲、欧洲
花期：3月至5月

栽培方法

种植：喜疏松、排水良好的土壤。

施肥：生长期每月施肥1次。

浇水：土壤要见干见湿，阴天应减少或停止浇水；夏季过后，一定要少浇水，冬天则更要控制浇水。

温度：适宜生长温度为15～25℃，冬季温度最好保持在5～10℃。

光照：喜阳光，但也较耐阴，喜温暖，不耐寒冷。

养护需要注意什么？

易分枝，且枝条向水平方向生长，因此，它需要较宽的株距，并且要适度修剪，这样既可以使枝叶舒展，还可以促进分枝，使其健康生长。

 小贴士

碰碰香翠色欲滴、清新宜人，特别适合做盆栽观赏，可作吊盆，也可点缀几案、窗台等处。此外，它的叶片奇香诱人，可泡茶、泡酒，也可作煲汤、炒菜、凉拌的食材。

露美玉

多年生小型肉质植物，茎短小，很难看见。叶片为肥厚的陀螺状，顶端有"窗"，微凸。叶片的侧面为灰色带黄褐色，顶面为红褐色带紫褐色。一般栽培 2 ~ 3 年后开花，花朵为黄色或白色。

别名：石头花、石观
科属：番杏科生石花属
产地：南非
花期：秋季

栽培方法

种植：盆土以腐叶土为主，配以贝壳粉、蛋壳粉和陈灰墙粉混合而成。选择直径 8 ~ 12 厘米的花盆，每年换盆、土 1 次。

施肥：每半月施 1 次腐熟的稀薄液肥，秋季开花后暂停施肥一个月。

浇水：春季每半月浇水 1 次，保持盆土干燥；夏季每半月浇水 1 次；秋季每 10 天浇水 1 次；冬季则保持盆土干燥。

温度：适宜生长温度为 15 ~ 28℃，冬季室温最好保持在 15℃以上。

光照：喜欢温暖、干燥且阳光充足的环境，但夏季应放在阴凉的地方，其他季节则应放在阳光充足的地方。

怎样防治病虫害？

如果患叶斑病或叶腐病，可用 65% 的代森锌可湿性粉剂 600 倍液喷洒；驱赶露美玉身上的蚂蚁，可用浇水隔离法；预防根结线虫的侵扰，则可用换盆、土法。

生石花

多年生多肉植物，茎短。叶肉肥厚，叶片对生联结，顶端平坦，呈倒圆锥体，形如彩石。对生叶中开出黄、白、粉等色花朵，开的花几乎覆盖了整个植株，一般午后开花，傍晚闭合。

别名：石头玉、石头花
科属：番杏科生石花属
产地：南非
花期：夏末至中秋

栽培方法

种植： 盆装培养土、腐叶土和粗沙的混合土，可加少量鸡粪。准备直径 10 ～ 15 厘米的花盆，每两年换盆、土 1 次。

施肥： 每半月施肥 1 次，用稀释的饼肥水或 15-15-30 的盆花专用肥，冬季休眠期不施肥。

浇水： 生长期保持盆土湿润；秋季保持盆土稍湿润；冬季则保持盆土干燥。

温度： 适宜生长温度为 15 ～ 25℃，冬季温度需保持在 8 ～ 10℃。

光照： 喜欢阳光充足的环境，但夏季需遮阴。

养护需要注意什么？

喜欢生活在阳光充足、通风良好的环境中，否则不但容易烂根，而且容易长青苔，进而影响球状叶生长，降低观赏效果。此外，它的盆土也不可过于干燥，否则球体会渐次萎缩埋入土中，只露出似沙砾的顶面，这样也会影响美观。

紫勋

多年生肉质草本植物，叶片呈倒锥体对生，叶片之间的中缝也很深。它有不同的品种，品种不同，叶顶的颜色也不同，一般有灰黄色、咖色略带红褐色和淡绿色三种。开金黄色或白色的花，昼开夜闭。

别名：石头草
科属：番杏科生石花属
产地：南非
花期：9 ~ 11 月

栽培方法

种植： 盆装腐叶土和粗沙的混合土。准备直径 12 ~ 18 厘米的花盆，每 2 ~ 3 年于春季换盆、土 1 次。
施肥： 每月施腐熟的稀薄液肥 1 次。
浇水： 夏季不宜过多浇水，春秋季盆土完全干燥时浇 1 次水。
温度： 适宜生长温度为 18 ~ 25℃，冬季温度不能低于 5℃。
光照： 喜欢温暖干燥的环境，需要充足的光照。

繁殖方法有哪些？

一般采取分株的方式繁殖，选取生长期内植株分裂的新叶，将分裂的新叶带茎剪下，直接插入盆土中即可。

小贴士

紫勋的形状奇特，像卵石一样，也比较好养，可作小盆景，点缀书桌和窗台，为房间增添些许趣味。

波头

肉质草本植物，植株密集。叶片的先端为三角形，上有龙骨突，其龙骨突的表皮出现硬膜化，叶面有肉齿，叶缘有肉质粗纤毛。花大无柄，多为黄色。

别名：银边四海波
科属：番杏科肉黄菊属
产地：南非
花期：秋季

栽培方法

种植：盆装腐叶土、培养土、粗沙的混合土，再加入少量骨粉。准备直径 12 ~ 15 厘米的花盆，每年换盆、土 1 次。

施肥：每月施肥 1 次，注意用稀释的饼肥水或 15-15-30 的盆花专用肥。夏季休眠期停止施肥。

浇水：每两周浇水 1 次，保持盆土稍湿润，若空气干燥，则常喷水。浇水时，水不宜浸湿叶片基部，以防烂根。冬天要注意防冻，每月浇 1 次水即可，保持盆土干燥。

温度：适宜生长温度为 18 ~ 24℃，冬季温度不能低于 7℃。

光照：生长期需要充足的阳光，但夏季休眠则要遮阴 50%。

易遭受哪些病虫害？

容易遭遇叶斑病、锈病等，因此，需每半月喷洒 1 次波尔多液，以预防病虫害。此外，如果室内通风较差，还容易引起介壳虫虫害，可用 40% 的氧化乐果乳油 1500 倍液喷杀。

 小贴士

银边四海波奇特的叶子、鲜艳的花朵，使它可作盆栽或框景，摆放在通风的窗台、书房或茶几上，格外赏心悦目。

红怒涛

　　小型多肉植物。叶片对生，呈三角形，顶端为菱形，叶面比较平滑，叶背微凸，呈龙骨状，叶缘有肉齿，肉齿上则有白色细毛。秋季开花，花朵为黄色。

别名：无
科属：番杏科肉黄菊属
产地：南非
花期：秋季

栽培方法

种植： 适宜疏松、排水性能良好的土壤，盆土选择腐叶土、花园土、粗沙，再加入一些草木灰或陈灰墙屑。选择直径 8 ~ 12 厘米的花盆，每年春季换盆、土 1 次。

施肥： 每两周施 1 次稀薄液肥。夏季休眠期应停止施肥，冬季温度低于 5℃时也应停止施肥。

浇水： 生长期每两周浇水 1 次。夏季停止浇水，冬季气温低于 5℃时，也应停止浇水。

温度： 适宜生长温度为 15 ~ 20℃，冬季温度不能低于 10℃，如果温度低于 5℃会停止生长。

光照： 喜欢温暖、干燥、光线好的环境，夏季气温过高时应置于阴凉处。

养护需要注意些什么？

　　喜光植物，但光线不能过于强烈；春、秋季为生长期，应让其充分接触阳光，但要避免强光照射；夏季为休眠期，应把它放在阴凉的地方；冬季则应把它放在向阳的地方。

 小贴士

　　红怒涛株型较小、叶子奇特，很是惹人喜爱，非常适合放在书房或卧室栽培，在装点环境的同时，也能给室内增添一些古朴气息。

翡翠玉

　　株型较小，群生。叶片对生，呈球状，颜色为绿色，上面无花纹，顶端较平坦，叶片中间有浅缝。秋季，从叶片浅缝中间开出紫红色大花，通常在阳光充足的条件下开放，昼开夜闭，单朵花能开放 5 ~ 7 天。

别名：群碧玉、肉锥花
科属：番杏科肉锥花属
产地：南非
花期：秋季

栽培方法

种植：盆装腐叶土、培养土和粗沙的混合土，可加入少量鸡粪，混合均匀。准备直径 10 ~ 12 厘米的花盆，每盆可栽种 1 ~ 3 株，每 2 ~ 3 年于春季换盆、土 1 次。

施肥：生长期每月施肥 1 次，用稀释的肥饼水或 15-15-30 的盆花专用肥。

浇水：初栽时少浇水，生长期可多浇水。夏季减少浇水量，冬季则保持盆土稍微干燥。

温度：适宜生长温度为 17 ~ 25℃，冬季温度不能低于 5℃。

光照：喜欢阳光充足的环境，但忌强光，除夏季需要适当遮阴外，其余时间均应放在向阳的地方。

怎样繁殖?

　　采用盆播或分株的方式进行繁殖。盆播可春季在室内进行，两周左右即可发芽，发芽后要增加光照、减少浇水；分株繁殖则需等到幼苗 2 ~ 3 年后开花成年，才可进行。

少将

多年生多浆植物，丛生，植株粗厚。叶片紧密对生，状似偏心形，顶端圆润，顶部的鞍形中缝也比较明显；颜色渐变，通常由浅绿色变为灰绿色，顶部则微红。开黄色花。

别名：无
科属：番杏科肉锥花属
产地：南非和纳米比亚
花期：7月

栽培方法

种植：盆装素沙土。准备直径 15 ~ 20 厘米的花盆，每年春季换盆、土 1 次。

施肥：不需要太多养分，不用经常施肥。

浇水：生长期定期浇水；冬季不宜浇太多水，保持盆土干燥。

温度：适宜生长温度为 18 ~ 24℃，冬季温度不能低于 5℃。

光照：喜欢温暖的环境，需要充足的光照。

繁殖时应注意哪些问题?

一般采用播种和分株两种方法繁殖。播种一般在 9 月下旬到 10 月上旬进行，待种子发芽后将它移植到湿润的盆土中，切记不要过度浇水。分株繁殖要选择植株特别密集的枝茎，否则不宜分株繁殖。

 小贴士

少将小巧秀美，对光线没有太多要求，适合屋内栽培，可作小盆栽，放置于窗台和厅室，别具特色。

慈光锦

对叶生长，一般为两对，下层的一对向外横向生长，中间的一对向上生长，也相对比较长，两对叶子同出一根，有五分之二的重合部分，外部有鞘。叶子的宽度和厚度相差不大，颜色呈绿色，尖部略带红色，叶片上部有绿色的点。开白色花朵，直径约 3 厘米。

别名：虾蛄花
科属：番杏科虾蛄花属
产地：南非
花期：春、夏季

栽培方法

种植：盆土以素沙土为主，可加入少量骨粉、花园土和腐叶土，选用直径 8 ~ 10 厘米的花盆，每年春季换土 1 次。

施肥：每月施 1 次少量的普通复合肥料，冬季气温低时不用施肥。

浇水：保持盆土干燥，除冬季外，每月洒少量水即可。

温度：冬季最低温度应在 5℃以上，且要保持土壤干燥。

光照：怕冷，但对光照要求不高。

繁殖方法

一般通过播种和分株的方法繁殖。其中，分株一般用新芽，并单独栽种在新盆中。

帝玉

多年生肉质草本植物，植株肉质肥厚。叶片呈卵形，交互对生，叶缘钝圆，基部则联合在一起，状如元宝；灰绿色，上有透明小斑点。花期较长，花的颜色为带粉的黄色。

别名：对叶花
科属：番杏科对叶花属
产地：南非
花期：夏末秋初

栽培方法

种植： 盆装腐叶土和粗沙的混合土，并加入少量骨粉，也可用腐叶土、肥沃的园土粗沙或蛭石混合土。准备直径 10 ~ 12 厘米的花盆，每两年换盆、土 1 次。

施肥： 生长期每月施肥 1 次，用稀释的饼肥水或 15-15-30 的盆花专用肥，夏、冬季为半休眠期不必施肥。

浇水： 帝玉为浅根性肉质植物，春秋季保持盆土湿润即可，夏季则为半休眠状态，需控制浇水，保持盆土干燥，避免过度湿润而引起烂根。

温度： 适宜生长温度为 18 ~ 24℃，冬季温度不能低于 10℃。

光照： 喜欢阳光充足的环境，但忌强光，夏季要注意遮阴。

怎样繁殖?

繁殖方式为播种。它的种子很小，可直接撒于花盆中，但播种土必须经过高温消毒；一般在 21 ~ 24℃的温度下，第 2 周即可发芽，但幼苗的生长速度很慢，培育 2 ~ 3 年才可开花。

 小贴士

帝玉属于小型多肉的盆栽珍品，宜摆放在窗台、几案或书架上，小巧又古朴，煞是可爱。

光玉

植株矮小，肉质叶肥厚，呈棒状，整体排列成松散的莲座状。叶灰绿色，先端稍粗，顶部为截形，截面透明。花单生，无梗，为黄心的浅紫色花，或白心的深红色花。

别名：无
科属：番杏科光玉属
产地：南非
花期：夏季

栽培方法

种植： 盆装腐叶土、园土和粗沙的混合土。准备直径 10 ~ 15 厘米的花盆，每年春季换盆、土 1 次。

施肥： 施肥时可用稀释的饼肥水或颗粒状复合肥，生长期每月施肥 1 次。

浇水： 不耐湿，保持盆土稍干燥；生长期干透再浇透；夏季高温时，可在旁边喷雾，但要避免水喷洒在叶片上。

温度： 适宜生长温度为 13 ~ 17℃，冬天温度不能低于 10℃。

光照： 喜欢半阴的环境，也可全日照，但要避免晒伤叶片。

与五十铃玉有何不同？

从外形上看，光玉与五十铃玉非常相似，它们均有棍棒状叶片，叶顶均有透明的"小窗"，均开小花，所不同的是，二者花的颜色不同，叶片的排列形状也不同。此外，光玉的休眠期不明显，也不能忍受持续高温。

 小贴士

番杏科光玉属只有光玉一种，因此，非常珍贵，其奇特的株型深受多肉植物爱好者喜爱，把它摆放在室内，能更显居室之别致。

雷童

多年生肉质草本植物，多分枝，灌木状，植株高度大约为30厘米，分枝颜色为灰褐色或浅灰色，新枝上有白色的小疣状突起。叶片为卵圆形，暗绿色，叶表面有刺状凸起。花朵单生，白色或黄色，全年开放。

别名：刺叶露子花
科属：番杏科露子花属
产地：南非
花期：全年

栽培方法

种植：盆土选择以泥炭、蛭石、珍珠岩三者等比例掺杂。选择直径 8 ~ 12 厘米的花盆，每年春季换盆、土 1 次。

施肥：每半月施 1 次腐熟的稀薄液肥，冬季气温低时应停止施肥。

浇水：每两周浇水 1 次，冬季则停止浇水，保持盆土干燥。

温度：适宜生长温度为 15 ~ 25℃，冬季度不能低于 5℃。

光照：喜欢阳光充足的环境，但夏季应避免强光，其他季节则应放在阳光充足且通风干燥的地方。

如何防治雷童病害？

生长期会出现生理病害，具体症状为茎叶突然萎缩、枯死等，出现这种情况就表明雷童的栽培条件出现问题，比如土壤过于湿润、强光曝晒或空气过于湿润等，应及时改善其生长环境，否则会引起整个植株死亡。

鹿角海棠

肉质草本植物，多分枝，匍匐状。叶片绿色，为三棱状。鹿角海棠根据品种的不同可分为长叶型和短叶型，短叶型夏季开花，为黄色；长叶型冬季开花，为白色、红色或淡紫色。

别　名：熏波菊
科　属：番杏科鹿角海棠属
产　地：非洲
花　期：冬季或夏季

栽培方法

种植： 盆土用泥炭土、腐叶土以及粗沙均等混合，并适当加入一些骨粉。选择直径 12 ~ 18 厘米的花盆，每年春季换盆、土 1 次。

施肥： 春秋季为生长期，每两周施 1 次稀薄液肥；夏季为半休眠状态，应延长施肥周期，应每月施肥 1 次；冬季气温低时应停止施肥。

浇水： 采用地面喷水的方法；夏季，每半月浇水 1 次。

温度： 适宜生长温度为 15 ~ 25℃，冬季温度不能低于 5℃。

光照： 喜欢阳光充足的环境，但夏季应避免强光照射。

要怎样繁殖?

寿命为 2 ~ 3 年，老株需要及时更新繁殖，才能保持生命力，同时要及时扦插繁殖，避免老株枯死，又没有新株，最后造成断种。

快刀乱麻

　　多年生肉质植物，呈灌木状，高 20～30 厘米，分枝较多，茎上有短节。叶片细长而侧扁，长约 1.5 厘米，对生，集中分布在分枝顶端，叶端两裂，外侧呈圆弧状，看似像一把刀，淡绿至灰绿色。开黄色花，直径 4 厘米左右。

别名：无
科属：番杏科快刀乱麻属
产地：南非开普省
花期：夏季

栽培方法

种植：可用泥炭土与颗粒状的煤渣或河沙混匀后的土壤，并注意
　　　在土表铺一层干净的河沙，以利于透气。2～4 年换盆 1
　　　次，盆径比株径大一点。

施肥：每半月施腐熟液肥 1 次。

浇水：按照干透浇透的原则浇水。

温度：适宜生长温度为 15～25℃。

光照：喜光，但忌烈日曝晒。

冬、夏季养护需要注意什么？

　　夏季是休眠期，要适当遮阳，避免烈日曝晒，并控制浇水、加强通风、停止施肥；冬季应将它放置在室内阳光充足处养护，温度在 12℃以上，可适当浇水，使其继续生长，如果能节制浇水，保持盆土干燥，也能耐 5℃的低温。

五十铃玉

多年生肉质植物，植株密集，丛生，株径约10厘米。叶片肥厚，呈棍棒状，向上垂直生长，长2～3厘米，直径0.6～0.8厘米；顶端有透明的"窗"，扁平，但不呈截形而是稍圆凸；为淡绿色，基部则稍显红色。开带点粉色的橙黄色花。

别名： 橙黄棒叶花
科属： 番杏科棒叶花属
产地： 南非、纳米比亚
花期： 春季

栽培方法

种植： 可用4份多肉植物专用腐蚀土与粗沙、兰石各2份，陶粒、珍珠岩各1份混匀后配制。
施肥： 薄肥勤施，一年施肥5～6次。
浇水： 耐旱，生长期适当浇水。
温度： 适宜生长温度为15～30℃。
光照： 喜光，日照要充足。

养护需要注意什么？

只有充足的阳光，才能保证叶子紧凑、叶色鲜艳，它一般每天需要3～4个小时的阳光直射时间，其余时间则为明亮的散射光线。夏季，可把它放在室外，既可以保证良好的通风，又可以避免植株在高温高湿的环境中烂心而死，但切忌淋雨。

布纹球

　　球形植物，因其通体灰绿，又有红褐色条纹而得名。球体上有分布均匀的棱，棱上有小锯齿般的刺，刺呈褐色。

别名：晃玉、奥贝莎
科属：大戟科大戟属
产地：南非
花期：春夏季

栽培方法

种植： 用排水良好的素沙土装盆。准备直径 10 ~ 15 厘米的花盆，每年春季换土 1 次。

施肥： 每月施肥 1 次，可选用普通的复合肥。

浇水： 每半月浇水 1 次，每次少量即可。夏季保持盆土半干，冬季则保持盆土干燥。

温度： 适宜生长温度 18 ~ 28℃，冬季温度不能低于 5℃。

光照： 性喜阳光，过度潮湿和阴暗会造成茎下部生褐斑。

怎样繁殖？

　　一般可通过播种和扦插的方式繁殖，但因布纹球雌雄异株，在我国，雌雄比例严重失调，雄株数量稀少，致使雄株的种子很难得到，因而繁殖困难。

小贴士

　　布纹球因颜色奇特而受到人们的喜爱，可作小盆栽，摆放在书桌、餐桌或阳台等，使整个空间显得雅致而别有风味。

彩云阁

主干短粗，垂直向上生长，上有 3 ~ 4 棱，棱缘有坚硬的短齿，先端有红褐色的刺；分枝呈灌木状。叶片轮生于主干周围。杯状聚伞花序，但作为盆栽则不易开花。

別名：三角大戟
科属：大戟科大戟属
产地：纳米比亚
花期：夏季

栽培方法

种植： 盆装腐叶土、培养土以及粗沙的混合土，加入少量石灰质材料，混合均匀。每盆可栽种 1 ~ 3 株。准备直径 12 ~ 25 厘米的花盆，每年早春换盆、土即可。

施肥： 每月施肥 1 次，可不施追肥，冬季休眠期则不施肥。

浇水： 耐旱，刚栽时少浇水，生长期只要保持盆土稍微湿润即可，不宜长期保持湿润状态，否则会引起烂根。冬季进入休眠期，要控制浇水，保持盆土干燥。

温度： 适宜生长温度 20 ~ 28℃，冬季温度不能低于 5℃。

光照： 喜阳光，平常要尽量放在向阳的窗台，但夏季要注意遮阴。

如何繁殖？

采用扦插的方式繁殖。先剪切生长期彩云阁的健壮茎段，再清洗或用纸擦干切口处的白色乳汁状浆液，然后晾干，插入盆土，只需保持盆土稍湿润，一个月左右即可生根。

春峰

多年生肉质植物。茎呈扭曲生长，像鸡冠一样，上面有明显的彩纹；它的品种众多，但有些品种在栽培过程中容易发生变异，或出现返祖现象，鸡冠茎长成柱状。花色多样。

别名：	帝锦缀化
科属：	大戟科大戟属
产地：	斯里兰卡
花期：	夏季

栽培方法

种植：盆装腐叶土和粗沙的混合土，可加入少量石灰质材料。准备直径 15 ～ 20 厘米的花盆，每两年春季换盆、土 1 次。

施肥：生长期施肥 2 ～ 3 次，可用腐熟的饼肥水或 15-15-30 的盆花专用肥，也可增加一些磷、钾肥。冬季休眠期可不施肥。

浇水：生长期保持盆土稍微湿润即可，冬季休眠期则保持盆土干燥。

温度：适宜生长温度为 20 ～ 25℃，冬季温度不能低于 5℃。

光照：喜欢阳光充足的环境，但夏季要注意遮阴，偶尔给予散射光。

怎样繁殖?

常用嫁接法繁殖，这样容易培养新品种。初夏季节，可将春峰茎上长出的其他颜色切下嫁接，这样培养出来的春峰便有了多种颜色。

小贴士

春峰是一种深受人们喜爱的新潮时尚花卉，也是多肉植物爱好者喜欢收集的品种之一。它株型奇特、颜色多变，常用来装饰厅堂、居室。

大戟阁锦

　　高大健壮，像树一样，在原产地可高达 10 米。枝干向上生长；茎为棱状，一般有 4 ~ 5 个棱，棱的脊背突出，呈波浪形，上面长有刺，棱脊上还长有管维束；深绿色。生长期顶部会长出花白色的叶子，不过会很快脱落。

别名：无
科属：大戟科大戟属
产地：南非
花期：冬春季

栽培方法

种植：盆土选用粗沙、花园土、腐叶土等，可加入骨粉或草木灰作基肥。花盆直径为 40 ~ 50 厘米，每年需换盆、土 1 次。

施肥：每月施 1 次有机肥，春秋两季可适当追肥，冬夏季要减少施肥次数和数量。

浇水：每月浇水 1 次，土壤不能过于湿润，否则很容易引起根部腐烂；也可遵循干透再浇透的原则。

温度：适宜生长温度为 15 ~ 25℃，夏季高温会使它生长缓慢，而冬季温度在 8℃以下会停止生长。

光照：喜欢温暖干燥的环境，需要充足的光照。

怎样繁殖？

　　可选择扦插的方式繁殖。一般在春秋季进行扦插，可先剪下分枝，晾干切口的白色乳液，大约需要 1 周时间，等晾干后，再植入新盆，它的生根速度很慢，但只要生根就表明它已经存活。

 小贴士

　　生长初期的大戟阁锦，可作室内盆景，它那高大健壮的枝干，给人一种昂扬向上的力量感。

红彩云阁

多年生肉质草本植物。主干不高，有分枝，轮生，向上生长；枝干为棱状，上有黄白相间的纹路；一般有 3 ~ 4 个棱，棱脊呈波浪形状，上有短刺，顶端还有红褐色的对生刺；茎的颜色为暗红色。分枝上长有卵圆形的绿叶。聚伞花序，但作为盆栽很难开花。

别名：	红龙骨
科属：	大戟科大戟属
产地：	纳米比亚
花期：	7 ~ 12 月

栽培方法

种植： 盆土以沙壤土为主，加入一些草木灰等。选择直径 18 ~ 20 厘米的花盆，每年春季换盆、土。

施肥： 每两周施 1 次肥，肥料选择稀薄的液肥，冬季如果气温低于 5℃，就要减少施肥量和施肥次数。

浇水： 每半月浇 1 次水，注意盆内不能有积水；冬季气温过低时，应停止浇水。

温度： 适宜生长温度为 10 ~ 25℃，冬季最低温度不能低于 5℃。

光照： 喜欢温暖干燥、阳光充足的环境，应把它放置在向阳的位置。

真的不需要限制其生长吗？

枝干全部向上生长，无须特意限制其生长，只要将多余或过长的枝条剪去即可。如果在室内栽培，还可根据空间需要，剪成适宜的形状，使它的生长更适合空间需要。

虎刺梅

具有攀缘性；分枝较多，有纵棱，上有密集的锥状刺。叶片呈倒卵形或长圆状匙形，互生，通常集中在嫩枝上。四季均可开花，但以北半球的冬季为最盛；花色很多；花簇成对生成；聚伞花序。

别名：铁海棠、麒麟刺
科属：大戟科大戟属
产地：马达加斯加
花期：四季开花

栽培方法

种植：盆装肥沃园土、培养土和粗沙的混合土。准备直径15～20厘米的花盆，每2～3年于春季换盆、土1次，盆栽幼苗则每年春季换盆、土1次。

施肥：生长期每月施肥1次，用腐熟的饼肥水或15-15-30的盆花专用肥。

浇水：夏秋季应保持盆土湿润，但浇水过多会使它生长过快。冬季休眠期，保持盆土干燥即可。

温度：适宜生长温度为18～24℃，冬季温度不能低于12℃。

光照：喜欢阳光充足的环境，但夏季要注意遮阴。

要怎样种植？

刚买回来的虎刺梅，要先放在阳光充足的窗台或阳台，切忌放在隐蔽的环境中。如果是夏季，还要充分浇水，等长出新叶后才能开始施肥。

大花虎刺梅

　　灌木状肉质植物。茎呈圆柱状，较粗壮，且富有韧性；分枝也较多，有棱沟线，着生淡褐色锐刺。叶片较大，且不易脱落，呈深绿色。聚伞花序，生于枝顶，可排成有长柄的二歧状；花的苞片较大，呈阔卵形或肾形；通常由绿色变为红色。

別名：皇帝梅
科属：大戟科大戟属
产地：非洲
花期：春夏季

栽培方法

种植： 盆装沙土、腐叶土和堆肥的混合土。准备直径 20 ～ 25 厘米的花盆，每年早春换盆、土 1 次。

施肥： 生长期每半月施 1 次以磷肥为主的有机肥，但量不宜过多。

浇水： 生长期 2 ～ 3 天浇 1 次水；夏季除梅雨季外，应适当加大浇水量；冬季则减少浇水量。

温度： 适宜生长温度为 15 ～ 30℃，冬季温度不能低于 12℃。

光照： 喜欢温暖的环境，春季可接受全日照，但盛夏应注意遮阴。

养护需要注意什么？

　　为使其多开花，可适当对其进行修剪；修剪后，剪口处会生出两个新枝，两个新枝皆可开花；如果不修剪，不仅开花数量较少，而且株型散乱。

琉璃晃

多年生肉质植物，群生，植株矮小。茎呈圆筒形，绿色，上有12～20条纵向排列的锥状疣突，旁边易生不定芽。叶片细小，生于疣突顶端，但脱落较早。聚伞花序，生于顶端棱角的软刺间，花呈杯状，黄绿色。

别名： 琉璃光
科属： 大戟科大戟属
产地： 南非
花期： 夏季

栽培方法

种植： 准备直径10～12厘米的花盆。

施肥： 喜肥，生长期每月施肥1次。

浇水： 生长期每周浇1次水，冬季每月浇1次水。

温度： 适宜生长温度为15～25℃。

光照： 全日照。

栽培应注意什么？

汁液有毒，会危害人的眼睛、皮肤和黏膜，所以，必须小心处理，千万不能让汁液接触到身体各个部位。

麒麟掌

多年生肉质植物，是霸王鞭的变异品种，中型植株，茎叶均肉质。茎呈不规则的鸡冠状、扁平扇形或掌状扇形，表面生有稀疏的小疣突起；幼株呈绿色，老株呈黄褐色，并呈木质化。叶生于茎的顶端和边缘，簇生。

别名：麒麟角、玉麒麟
科属：大戟科大戟属
产地：印度非洲南部
花期：3～12月

栽培方法

种植：可用各 1/3 的腐叶土、园土和煤球渣混合均匀制成盆土，上盆时还可以将一些粉碎的固体肥料混入盆土中作为基肥。

施肥：生长期每月施腐熟的矾肥水 1 次，切忌施生肥、浓肥。

浇水：耐旱，宁干勿湿，当盆土干硬发白、叩击盆壁听到清脆的响声时再浇透水；冬季浇水要比平时少，在室温 15～18℃的室内，每 10 天左右浇透水 1 次。

温度：适宜生长温度为 22～28℃。

光照：喜光，但忌烈日曝晒。

如何避免出现"返祖现象"？

为了避免出现返祖现象，必须让它多见阳光，一旦出现鸡冠状缀化茎退化为柱状茎的返祖现象，应迅速将柱状茎剪除。

光棍树

灌木状肉质植物，植株可高达 2 ～ 9 米。主干呈圆柱状，绿色，分枝较多，为铅笔粗细的肉质枝条，对生或轮生。叶片呈细小的线形，互生，但脱落较早，常呈无叶状态。杯状聚伞花序；有短的总花梗，总苞呈陀螺状，苞片细小；花瓣为 5 瓣，为黄白色。

别名：绿玉树、绿珊瑚
科属：大戟科大戟属
产地：非洲地中海沿岸
花期：6 ～ 9 月

栽培方法

种植：盆装腐叶土和园土的混合土，盆底可垫一些碎石。准备直径 10 ～ 15 厘米的花盆，每 1 ～ 2 年翻盆 1 次。

施肥：生长期每 7 ～ 10 天施 1 次沤熟的含氮、磷、钾的稀薄液肥。

浇水：春秋季 1 ～ 2 天浇水 1 次，忌盆内积水，夏季高温时则要控制浇水。

温度：适宜生长温度为 25 ～ 30℃。

光照：喜欢温暖的环境，需要充足的光照。

开花管理需要注意什么？

首先，要保证它全年都处在光照充足的温暖环境中；其次，浇水要遵循"见干见湿，干透再浇"的原则；最后，夏季，不要在阳光曝晒后猛浇水。做到以上几条，到 11 月中下旬，光棍树的叶尖部会长出花蕾，来年 1 ～ 3 月就可开花。

将军阁

多年生肉质植物，植株矮壮。茎呈圆筒状，上面有线形凹纹，为深绿色或浅绿色。叶片稍具肉质，呈倒卵形，上有细毛，叶缘则稍呈波状。假伞形花序，开黄绿色小花。

别名：里氏翡翠塔
科属：大戟科翡翠塔属
产地：东非
花期：夏季

栽培方法

种植： 盆装腐叶土、培养土和粗沙的混合土，再加少量骨粉。准备直径 12 ~ 15 厘米的花盆，每年春季换盆、土 1 次。

施肥： 生长期每半月施肥 1 次，用腐熟的饼肥水或 20-20-20 的盆花专用肥。

浇水： 生长期每周浇水 1 次，保持盆土稍湿润，冬季为休眠期，保持盆土稍干燥。

温度： 适宜生长温度为 18 ~ 24℃，冬季最低温度不低于 18℃。

光照： 喜欢阳光充足的环境，要给予散射光。

怎样繁殖?

采取扦插和盆播的方式繁殖。扦插，要剪取生长期将军阁的肉质茎，然后晾干插入土中，只需保持盆土稍湿润，很快即可生根；不过扦插不易使将军阁长成球状肉质根，但盆播可弥补这一点。

小贴士

将军阁造型别致，常作家庭盆栽，点缀于阳台、几案等处，在我国南方地区，也常布置在山石旁、庭院里，营造出清新典雅的氛围。另外，将军阁还适合植物园和多肉植物爱好者收集栽培。

翡翠柱

多年生肉质植物，植株高 30 ~ 50 厘米，基部多分枝。肉质茎呈圆柱状，直立，深绿色，有线状凹纹，表面布满菱形的瘤状突起。叶片肉质，卵圆形，深绿或浅绿色，着生于瘤突顶端。假伞状花序，总苞黄绿色，小花为淡粉红色。

别名：冈氏翡翠塔
科属：大戟科翡翠塔属
产地：坦桑尼亚
花期：夏季

栽培方法

种植： 盆装腐叶土、培养土和粗沙的混合土，可加入少量石灰质材料。准备直径 15 ~ 20 厘米的花盆，每年早春换盆、土 1 次。

施肥： 每月施肥 1 次，用腐熟的饼肥水或 20-20-20 的盆花通用肥，冬季休眠期不用施肥。

浇水： 生长期每周浇水 1 次，保持盆土稍湿润，日常则要对其进行喷雾处理。冬季每月浇水 1 次即可，保持盆土稍干燥。

温度： 适宜生长温度为 18 ~ 24℃，冬季温度不能低于 18℃。

光照： 喜欢光照，除夏季需稍微遮阴外，其余季节均可摆放在阳光充足的地方。

怎样繁殖？

可采取盆播、扦插等方式繁殖。春季可在室内盆播，2 ~ 3 周即可发芽。春末剪去茎端 5 ~ 8 厘米扦插，4 ~ 5 周可生根。

红雀珊瑚

  常绿多肉植物，灌木状，植株健壮挺拔。茎干呈弯曲状生长，宛如"之"字形。叶片呈卵状披针形，互生。顶生聚伞杯状花序，开红色或紫色花。

别名：洋珊瑚、大银龙
科属：大戟科红雀珊瑚属
产地：美洲的热带地区
花期：夏季

栽培方法

种植：盆装腐叶土、培养土和粗沙的混合土，混合均匀。准备直径 15 ~ 20 厘米的花盆，每盆可栽种 3 ~ 5 株，每年春季换盆、土 1 次。

施肥：生长期每月施肥两次，用腐熟的肥饼水或 15-15-30 的盆花专用肥，花期可加两次磷钾肥，这样花会开得更鲜艳。

浇水：生长期的茎叶生长迅速，应保持盆土湿润。冬季则要控制浇水，盆土保持稍干燥。

温度：适宜生长温度为 16 ~ 28℃，冬季最低温度不低于 5℃。

光照：喜光，除夏季要注意遮阴外，其余季节均摆放在阳光充足的地方。

怎样繁殖?

  采取扦插的方式繁殖，并以初夏操作为宜。可先剪取红雀珊瑚顶端的嫩芽 10 ~ 12 厘米，洗净剪口处的白色乳汁，然后晾干后插入土中，保持 22 ~ 28℃的温度和较湿润的环境，2 ~ 3 周即可生根。

蜈蚣珊瑚

多年生肉质植物，株高 40 ~ 60 厘米。肉质茎直立，呈细圆棒状，密被鳞片，茎多分枝，群生，深绿色。叶片狭长，椭圆形，无柄，呈两列扁平紧密排列，形似蜈蚣。开粉红色小花。

别名：青龙、龙凤木
科属：大戟科红雀珊瑚属
产地：南美洲的热带地区
花期：冬季

栽培方法

种植：盆土以排水性良好的沙质土为佳。准备直径 10 ~ 12 厘米的花盆。

施肥：每半月施 1 次复合肥。

浇水：春夏多浇水，可经常向叶片喷水，以增加空气湿度，冬季则控制浇水。

温度：适宜生长温度为 20 ~ 30℃。

光照：喜欢高温、高湿的环境，光照环境以半阴为宜。

用途有哪些？

常作室内盆栽，能吸附灰尘，也能增加空气中的氧负离子含量，并能降低温度，减少日光反射；也可作绿篱，栽植于庭园中，起到美化环境的作用。

佛肚树

多年生肉质灌木状植物，直立生长，分枝较少，茎的中下部膨大如佛的肚子，佛肚树也因此得名。叶片呈圆形或椭圆形，簇生，绿色。顶生聚伞花序，开红色花。

別名：珊瑚油桐
科属：大戟科麻疯树属
产地：西印度群岛
花期：夏季

栽培方法

种植： 盆装泥炭土、培养土以及粗沙的混合土。准备直径 15 ~ 20 厘米的花盆，每年春季换盆、土 1 次。

施肥： 每半月施肥 1 次，用腐熟的饼肥水或 20-20-20 的盆花通用肥，若用 0.2% 的磷酸二氢钾溶液向叶片施肥，花会开得更鲜艳。

浇水： 生长期保持盆土稍干燥，不宜浇水太勤；夏季高温，浇水稍勤，早晨、傍晚均要浇水，中午还要向枝叶及地面喷水；秋冬季气温低，保持盆土稍微干燥即可。

温度： 适宜生长温度为 22 ~ 28℃，冬季温度不能低于 15℃。

光照： 喜欢光照，除了夏季要适当遮阴外，其余季节均需要充足的光照，秋冬季可放在向阳的窗台，或利用灯光作为辅助光源。

茎干不膨大怎么办?

茎干膨大，像佛的肚子，但如果长期光照不足，茎干就会变得又细又长，从而失去佛肚之美。因此，要保持其茎干的膨大状，就应给予充足的光照。

大美龙

多年生肉质草本植物，茎较短。叶片呈剑形，长 50 ~ 70
厘米，黄绿色，叶缘有灰褐色的刺，叶中有条颜色较淡的宽条纹，
叶丛呈莲座状。花序高 3 ~ 4 米，开白色、绿色或黄色的花。

别名：无
科属：龙舌兰科龙舌兰属
产地：墨西哥
花期：夏季

栽培方法

种植：盆土可选腐叶土、花园土、沙壤土的混合土。选择直径 20 ~ 30 厘米的花盆，并根据大美龙的
　　　生长情况及时更换花盆。
施肥：每两周施 1 次有机肥，不用追肥，冬季则应延长施肥时间。
浇水：春秋两季每两周浇 1 次水，夏季每 10 天浇 1 次水，冬季温度低于 5℃时则延长浇水时间。
温度：适宜生长温度为 25 ~ 35℃。
光照：喜温暖且阳光充足的环境，适合放在向阳的地方生长。

哪种方法能繁殖更快呢？

有播种和扦插两种繁殖方法，但是大美龙的种子不容易采集，且培育起来比较困难，因此，一般
采用扦插的方法繁殖。扦插最好在春季进行，可选用根部新芽移植，移植之后认真培育即可。

 小贴士

大美龙美观大气，适应能力极强，可作为办公室或客厅的装饰，既能使空间绿意盎然，又能
吸收二氧化碳，释放氧气。

狐尾龙舌兰

多年生常绿植物,植株高大。叶片呈长卵形,被白粉,翠绿色。穗状花序,形如狐尾,故而得名;植株长至 10 年左右,可抽出高大的花茎,开黄绿色花。

别名:无刺龙舌兰
科属:龙舌兰科龙舌兰属
产地:墨西哥
花期:春季

栽培方法

种植:盆装腐叶土、肥沃园土和粗沙的混合土,加少量骨粉。准备直径 15 ~ 20 厘米的花盆,每两年春季换盆、土 1 次。

施肥:生长期每月施肥 1 次,用腐熟的饼肥水或 15-15-30 的盆花专用肥。

浇水:春秋季保持盆土湿润,冬季为休眠期,则保持盆土干燥。

温度:适宜生长温度为 15 ~ 25℃,冬季温度不能低于 8℃。

光照:喜欢阳光充足的环境,但夏季要注意遮阴,其余季节均可摆在光线好的地方。

怎样水培?

可选择株型较好的植株,洗净根部,放入水中栽植,2 ~ 3 周后生根,此后每隔 1 周换 1 次水,夏季高温时还可每周换 1 次水,每 3 周则加 1 次营养液。此外,若发现根部有枯黄的老叶,要及时剪除。

金边龙舌兰

多年生常绿草本植物，植株挺拔，呈莲座状排列。叶片呈剑形，长 20 ~ 140 厘米，丛生；叶片肥厚而光滑，叶缘有黄白色条纹，上有红色或紫褐色锯齿，整体呈绿色。开黄绿色花。

别名：金边莲、龙舌兰
科属：龙舌兰科龙舌兰属
产地：美洲的沙漠地区
花期：夏季

栽培方法

种植： 盆装腐叶土或泥炭土与粗沙的混合土，可加 5% 的骨粉。准备直径 15 ~ 30 厘米的花盆，每年春季换盆、土 1 次。

施肥： 生长期每月施肥 1 次，可用腐熟的饼肥水或 15-15-30 的盆花专用肥，冬季休眠期可不施肥。

浇水： 生长期保持盆土稍微湿润；夏季可多浇水、喷水，勤擦拭叶片；冬季应减少浇水量，保持盆土干燥。

温度： 适宜生长温度为 10 ~ 25℃，冬季温度不能低于 5℃，如果低于 0℃，易冻伤。

光照： 喜光，适宜放在阳光充足的阳台、窗台等处。

遇到病虫害怎么办？

防治叶斑病、炭疽病和灰霉病，可用 50% 退菌特可湿性粉剂 1000 倍液喷洒。防治介壳虫危害，则用 80% 敌敌畏乳油 1000 倍液喷洒。

笹之雪

多年生肉质植物，无茎。叶片肥厚，且质地较硬，呈三角形，整体排列如莲座状；绿色，上有不规则的白色或绿色叶纹，叶上无锯齿，叶端有坚硬的黑刺。穗状花序，开淡绿色小花。

别名：鬼脚掌
科属：龙舌兰科龙舌兰属
产地：墨西哥
花期：夏季

栽培方法

种植： 盆装腐叶土、培养土和粗沙的混合物，再加入少量石灰质材料。准备直径 15 ~ 20 厘米的花盆，每 2 ~ 3 年于春季换盆、土 1 次。

施肥： 生长期每半月施肥 1 次，用腐熟的肥饼水或 15-15-30 的盆花专用肥。

浇水： 生长期需保持盆土湿润。冬季则要控制浇水，盆土保持稍干燥。

温度： 适宜生长温度为 18 ~ 24℃，冬季温度不能低于 5℃。

光照： 喜光，除夏季需遮阴外，其余季节均要摆放在阳光充足的地方。

怎样繁殖?

采取分株的繁殖方式。春季盆播之后，等长出 2 ~ 3 片真叶后，可分苗移栽，或春季换盆时，将老株基部萌发的幼苗直接上盆栽种。

雷神

多年生肉质草本植物，株高 6 ~ 8 厘米，株幅 8 ~ 10 厘米，为小型植株。叶片宽厚，呈三角形剑状，叶端坚挺，有 1 枚短刺，叶缘为齿状，上有黄色或红色短刺，整体呈灰绿色，螺旋状排列。

别名：棱叶龙舌兰
科属：龙舌兰科龙舌兰属
产地：墨西哥中南部
花期：夏季

栽培方法

种植：盆装培养土、腐叶土和粗沙的混合土，可加 5% 的蛋壳粉或鸡粪。准备直径 15 ~ 20 厘米的花盆，每 2 ~ 3 年换盆、土 1 次。

施肥：生长期每月施肥 1 次，可用腐熟的肥饼水或 15-15-30 的盆花专用肥。

浇水：生长期需保持盆土稍湿润，并遵循"干透浇透"的原则；秋冬季则应保持盆土干燥。

温度：适宜生长温度为 18 ~ 25℃，冬季温度不能低于 4℃。

光照：喜光，应把它放在光线好、通风好的环境中，但夏季高温时应适当遮阴。

怎样繁殖？

常采取分株的方式繁殖。分株一般在春季进行，可将母株基部的子株挖出，或带根直接栽植，或不带根，通风晾干后，再插入沙土中，等生根后移入盆中即可。

 小贴士

雷神株型奇特，常用于盆栽观赏，适合摆放于阳台、花架，也可栽植在庭院或山石旁，起点缀作用，显得古朴而典雅。

王妃雷神

多年生肉质植物，植株矮小，株高 6 ~ 8 厘米，无茎。叶片的质地肥厚而柔软，呈匙形倒卵状，像蟹壳一样；叶缘呈齿状，上有红褐色短刺，顶端则有 1 枚短刺；为青灰绿色，表面被有白粉；密集丛生，整体呈莲座状。总状花序，花黄绿色。

别名：姬雷神
科属：龙舌兰科龙舌兰属
产地：墨西哥中南部
花期：夏季

栽培方法

种植： 盆装园土、腐叶土、粗沙和骨粉、贝壳粉等混合土。准备直径 15 ~ 20 厘米的花盆。

施肥： 每 20 天施 1 次以磷、钾肥为主的稀薄液肥，深秋后停止施肥。

浇水： 浇水遵循"不干不浇，浇则浇透"的原则，避免盆土积水和雨淋，深秋后减少浇水，冬季则严格控制浇水。

温度： 适宜生长温度为 18 ~ 25℃，冬季温度不能低于 4℃。

光照： 喜温暖、干燥的环境，需要充足的光照。

繁殖方式

可采用分株和播种的方式繁殖。分株多在生长期进行，常与换盆一起进行；播种则可在春天进行，只需保持 21 ~ 24℃ 的发芽适温即可。

 小贴士

王妃雷神的植株小巧精致，株型端庄大方，叶片奇特，具有较高的观赏价值，可作盆栽，适合摆放在室内观赏。

圆叶虎尾兰

　　多年生肉质草本植物，枝茎短小。叶子如粗针状，又长又硬，表面呈暗绿色，夹杂着一些灰绿色纹路。开白色或淡粉色的花。

别名：棒叶虎尾兰
科属：龙舌兰科虎尾兰属
产地：非洲
花期：春夏季

栽培方法

种植：盆装腐叶土和粗沙的混合土。准备直径 25 ~ 30 厘米的花盆，每年春季换盆、土 1 次。

施肥：每半月施腐熟的稀薄液肥或复合肥 1 次。

浇水：生长期盆土干燥后再充分浇水，但忌过度浇水。

温度：适宜生长温度为 18 ~ 20℃，冬季温度不能低于 5℃。

光照：喜欢温暖干燥的环境，需要充足的光照，但夏季不能曝晒。

繁殖方法有哪些？

　　有分株和扦插两种繁殖方法，其中以分株为主。分株繁殖一般在春季换盆土时进行，注意扦插剪切的叶子要带一点枝茎。

短叶虎尾兰

多年生肉质草本植物，是虎尾兰的变种。叶丛矮小而宽阔，叶片回旋重叠生长，叶面有斑纹，整个植株显得高贵典雅、清新迷人。

别名：小虎兰
科属：龙舌兰科虎尾兰属
产地：印度
花期：春夏季

栽培方法

种植： 盆装培养土和粗沙的混合土。准备直径 12 ~ 15 厘米的花盆，每两年换盆、土 1 次，每 3 ~ 4 年重新分株 1 次，春季操作。

施肥： 每半月施肥 1 次，用稀释的饼肥水或 15-15-30 的盆花专用肥，秋季则停止施肥。

浇水： 浇水不宜过多；春季每周浇水 1 次；夏、秋季隔 2 ~ 3 天浇水 1 次；冬季则减少浇水，保持盆土干燥。

温度： 适宜生长温度为 15 ~ 25℃，冬季温度不能低于 10℃。

光照： 喜欢阳光充足的环境，但忌强光，因此，夏季要注意遮阴，其余季节则应放在明亮且有散射光处。

遭遇病虫害怎么办?

根部和部分叶片如果出现发黄、腐烂的情况，可能受到了叶斑病和炭疽病的危害，可用 50% 的托布津可湿性粉剂 500 倍液喷洒；此外，还可能受到象鼻虫的危害，可用 20% 的杀灭菊酯 2500 倍液喷杀。

 小贴士

短叶虎尾兰清新雅致，可装饰窗台、阳台、书桌等，能为居室带来一丝绿意，如果摆放在刚装修过的房间，还能有效吸收甲醛等有害物质。

金边短叶虎尾兰

多年生肉质草本观叶植物。叶缘有黄色带状宽边，被称为金边；叶片中间则为绿白色相间的横条纹。总状花序，开白色或淡绿色花。

别名：金边矮生虎尾兰
科属：龙舌兰科虎尾兰属
产地：非洲或南亚
花期：春季

栽培方法

种植：盆土以沙壤土为主，适当加入一些花园土和腐叶土。选择直径 15 ~ 20 厘米的花盆，每年春季换盆、土 1 次。

施肥：每 20 天施 1 次腐熟的稀薄液，冬季气温过低时可以停止施肥，夏季开花时可追肥 1 次。

浇水：每 10 天浇水 1 次，保持盆土湿润，冬季气温过低时则减少浇水量。

温度：适宜生长温度为 20 ~ 30℃。

光照：喜欢阳光充足的环境，但它的环境适应能力较强，忍耐干旱、半阴的环境。

你知道它的特殊功效吗？

能吸收二氧化碳，增加空气中的负氧离子，而负氧离子被科学家称为"空气中的维生素"，它的存在，能提高工作效率，改善睡眠质量，有利于人的身体健康。

小贴士

金边短叶虎尾兰美观大方，色彩组合巧妙，观叶效果很好。此外，它还能净化空气、绿化环境，使周围环境更加清新自然，因而被广泛栽培。

金边虎尾兰

多年生肉质草本植物，根茎部呈卷筒状。叶片肥厚，革质，表面有很厚的蜡质层；叶片初为筒状，然后渐渐展平，叶缘有带状的金边，中间为绿白相间的横纹。开白色或淡绿色的花。

别名：金边虎皮兰
科属：龙舌兰科虎尾兰属
产地：非洲和印度
花期：春季

栽培方法

种植： 盆土以腐叶土、花园土和粗沙为主，可加入适量的草木灰和骨粉。选择直径 10 ～ 15 厘米的花盆，每年春季换盆、土 1 次。

施肥： 每周施 1 次腐熟的稀薄液肥，冬季停止施肥，春季可用腐熟的饼肥追肥 1 次。

浇水： 每两周浇水 1 次，夏季要多浇水，冬季则要保持盆土干燥。

温度： 适宜生长温度为 20 ～ 25℃，冬季温度不能低于 8℃。

光照： 喜欢温暖、干燥、阳光充足的环境，夏季应避免强光照射，冬季则应放在向阳的地方养殖。

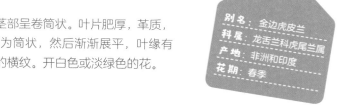

会有病虫害吗？

常遇到介壳虫，如果它停留在叶片上，会引起叶片坏死甚至整株植物死亡，虽然如此，一旦发现介壳虫，一般却并不用杀虫剂去除，只需用布轻轻抹去即可。

马齿苋

　　一年生草本植物。分枝较多，茎呈匍匐状散在地面上。叶片肥厚，呈倒卵形，扁平状，互生。无花梗，花簇生于枝头。

别名：不死草、马苋
科属：马齿苋科马齿苋属
产地：温带和热带地区
花期：夏季

栽培方法

种植：盆装腐叶土、肥沃的园土、培养土和粗沙的混合土。准备直径 30 ~ 40 厘米的花盆，每年春季换盆、土 1 次。

施肥：生长期每月施肥 2 ~ 3 次，可用稀释的饼肥水或 15-15-30 的盆花专用肥。

浇水：生长期每周浇水 1 次，保持盆土稍微湿润，夏季则向花盆周围喷雾。

温度：适宜生长温度为 20 ~ 24℃，冬季温度不能低于 10℃。

光照：喜欢阳光充足的环境，除夏季应适当遮阴外，其余时间均应放在向阳的地方。

养护需要注意什么？

　　刚买回来的马齿苋，应避免强光，但也不宜放在隐蔽的环境中，宜摆放在阳光充足的窗台或阳台；不宜浇水过多，否则易导致茎叶徒长，有损美感；要保持通风通畅，否则基叶容易发黄、腐烂。

小贴士

　　马齿苋的品种很多，除了路边随处可见的普通品种，还有可供观花、观叶的观赏类品种，如莫洛基马齿苋，可摆放在室内的窗台上，别有一番风味。

金钱木

多年生常绿草本植物，株高 50 ~ 80 厘米。地下有肥大的块茎，但地上却无主茎。叶子从地下的块茎顶端抽出；对生，每个叶轴有 6 ~ 10 对叶片；叶片卵形，厚革质，绿色，有金属光泽。穗状花序。

别名：金币树、龙凤木
科属：马齿苋科马齿苋属
产地：东非和南美洲
花期：夏季

栽培方法

种植：盆土宜用泥炭土、粗沙或煤渣与少许园土混匀后配制，并使土壤的 pH 值保持在 6 ~ 6.5 之间的微酸性状态。

施肥：喜肥，生长期每月施 2 ~ 3 次 0.2% 的尿素加 0.1% 的磷酸二氢钾混合液。

浇水：耐旱，应保持盆土微湿偏干；当室温达到 33℃ 以上时，应每天给植株喷水 1 次。

温度：适宜生长温度为 20 ~ 32℃。

光照：喜光，但忌强光直射。

养护需要注意什么？

对光照要求不高，宜摆放在无阳光直射处养护，尤其是新抽的嫩叶，更不可以接触强光，以免被灼伤，但环境也不能过于阴暗，否则会导致新抽的叶片细长而稀疏，严重影响美观。

雅乐之舞

多年生肉质灌木植物，分枝较多，新枝为紫红色，老枝为紫褐色。叶片肉质，对生，以黄白色为主，中间夹杂着淡绿色，新叶的叶缘还有粉红色晕，随着植株慢慢长大，可变成粉红色细线。开淡粉色小花。

别名： 斑叶马齿苋树
科属： 马齿苋科马齿苋属
产地： 南非
花期： 夏季

栽培方法

种植： 盆装腐叶土、肥沃园土和粗沙的混合土，可加少量过磷酸钙。准备直径 10 ~ 15 厘米的花盆，每年春季换盆、土 1 次。

施肥： 每两月施肥 1 次，用稀释的饼肥水或 15-15-30 的盆花专用肥，冬季休眠期不施肥。

浇水： 生长期保持盆土湿润；夏季高温时，可每天向叶片周围喷雾降温；冬季保持盆土稍干燥。

温度： 适宜生长温度为 21 ~ 25℃，冬季温度不能低于 8℃。

光照： 喜光，但夏季要避免强光直射。

怎样繁殖？

主要是扦插；可先剪取枝条，切口晾干后，直接插入沙土中，只需保持盆土湿润，两周左右即可生根；幼苗成活后要勤施肥，等植株长到一定大小时就可作造型了。

春梦殿锦

多年生肉质草本植物，株型小巧，株高约 5 厘米。叶片排列紧密，呈倒卵形，螺旋状生长，具有悬垂性；叶片肥厚而柔软，叶腋间会抽出白色丝状毛；叶面为绿色，叶背为紫色或桃红色。开粉红色花。

别名：吹雪之松锦
科属：马齿苋科回欢草属
产地：纳米比亚
花期：夏季

栽培方法

种植： 盆土为腐叶土与河沙的混合土。花盆直径 12 ~ 15 厘米，每盆可栽 1 ~ 3 株，每年春季换盆、土。

施肥： 每月施肥 1 次，用稀释的饼肥水或 15-15-30 的盆花专用肥。不要施肥过量，否则茎干会徒长，叶片也变得柔软，还易腐烂。

浇水： 浇水不宜太勤，盆土保持稍微干燥。天气干燥时，可向花盆周围喷雾，但要注意避免水滴洒向叶片。冬季要注意防寒，盆土保持干燥。

温度： 适宜生长温度为 20 ~ 25℃，冬季温度不能低于 7℃。

光照： 喜光，生长期可放在阳光充足的环境中，但不喜强光曝晒，夏季要注意遮阴。

怎样繁殖?

可取叶片扦插，也可取枝扦插，将切口晾 3 ~ 4 天后，直接插入盆土中即可。此外，还需注意盆土不要太湿，否则易烂根。

小贴士

春梦殿锦，赏心悦目的绿色配上娇艳欲滴的红色，显得娇嫩可爱，再加上它的颈部会长出像蜘蛛网一样的白色丝状物，又使它多了些奇幻色彩，这些都使它极具观赏价值，可作盆栽，摆放在窗台、书桌或书架等处。

酒瓶兰

　　常绿多肉植物，株高可达 10 米。茎干的基部如酒瓶般膨大，表面有龟裂的小方块似的树皮，顶部有簇生的叶子。叶片线形，呈软垂状，革质，叶缘有细锯齿。圆锥花序，开白色花，但唯有 10 年以上的植株才能开花。

别名：象腿树
科属：龙舌兰科酒瓶兰属
产地：墨西哥
花期：夏季

栽培方法

种植： 盆装腐叶土和粗沙的混合土。准备直径12 ~ 15厘米的花盆，每盆适合栽种一株，每年春季换盆、土 1 次。

施肥： 生长期每半月施肥 1 次，可用腐熟的饼肥水或 20-20-20 的盆花通用肥，冬季休眠期可不施肥。

浇水： 生长期需保持盆土湿润；夏季高温时，可向叶子喷水；冬季减少浇水量，保持盆土干燥。

温度： 适宜生长温度为 18 ~ 24℃，冬季温度不能低于 10℃。

光照： 喜欢阳光充足的环境，适宜摆放在窗台、阳台或庭院等向阳处。

如何繁殖?

　　可扦插，也可盆播。盆播一般在春季进行，3 周左右即可发芽，当苗长至 4 ~ 5 厘米时，移至盆中；扦插也在春季进行，一般剪取其侧枝，在高温高湿的条件下容易生根成活。

 小贴士

　　酒瓶兰是典型的装饰性植物之一，常用于盆栽和园林；若作盆栽用，选购时株高不宜超过 15 厘米；若放在园林或院子中，宜选择不超过 50 厘米高的植株；还可根据株型，选择摆放于客厅或书房。

心叶球兰

常绿多肉藤本植物。茎肉质，具有攀缘性。叶片肥厚，叶柄粗壮，心形，深绿色，叶缘为黄色。腋生伞状花序，开花30～50朵，呈半球形。

别名：情人秋兰、腊兰
科属：萝摩科球兰属
产地：泰国、老挝
花期：夏季

栽培方法

种植： 盆装腐叶土、培养土和粗沙的混合土，可加少量骨粉。准备直径15～20厘米的花盆，每年春季换盆、土1次。

施肥： 生长期每半月施肥1次，用稀释的饼肥水或15-15-30的盆花专用肥，可适当增加一些钾肥，可以增加植株美感。

浇水： 生长期保持盆土湿润；夏季高温季节，每周向周围喷水两次；冬季休眠期，可保持盆土稍干燥。

温度： 适宜生长温度为18～24℃，冬季温度不能低于10℃。

光照： 喜欢半阴环境，要多给予散射光，夏季常遮阴。

养护需要注意什么？

对光线要求比较高，通常把它摆放在离南窗不远的向阳处。一般光线越明亮，心叶球兰的花期越长，开花数量越多，但又要避免阳光直射。因此，夏季需要把它移到遮阴处，并给予攀缘条件，使它能自己采光。

大花犀角

多年生肉质草本植物，直立向上生长。茎呈四角棱状，较粗壮，高 20 ~ 30 厘米，基部有像犀牛角的灰绿色齿。花为淡黄色，形状像海星，有臭味，以臭味吸引苍蝇授粉。

别名：海星花，臭肉花
科属：萝藦科豹皮花属
产地：南非
花期：夏季

栽培方法

种植： 盆土为肥沃的园土和粗沙混合土。花盆为直径 15 ~ 20 厘米，一盆可栽 5 ~ 6 株，每 2 ~ 3 年于春季换盆、土 1 次。

施肥： 每半月施肥 1 次，用稀释的饼肥水或 20-20-30 的通用肥；冬季为休眠期，应停止施肥。

浇水： 不需浇水太勤，盆土表面变干时浇水即可；夏季长出新株时可多浇水，避免水分不足造成茎干皱缩；冬季则应少浇水，保持盆土干燥即可。

温度： 适宜生长温度为 12 ~ 22℃，冬季温度不能低于 7℃。

光照： 喜欢阳光充足的环境，但夏季要避免强光，并遮阳 50%。

为什么那么臭？

花朵硕大，花径长达 35 厘米左右，花色淡黄，上有波状的红色横条纹，边缘还有白色细毛，美丽异常，如此美丽的花朵却散发出如腐肉般的恶臭，这是因为它需要吸引苍蝇来为其授粉。

吊金钱

　　多年生草本植物。植株下垂，蔓生，幼茎呈圆筒形，后逐渐变成三角形。叶片肥厚，呈肾形，对生；暗绿色，叶背则为淡绿色，叶面上还有白色条纹。花簇生，为淡紫色，花蕾似灯形，开花时呈伞形。

别名：腺泉花、可爱藤
科属：萝藦科吊灯花属
产地：南非
花期：夏季

栽培方法

种植： 盆装腐叶土、肥沃园土和粗沙的混合土，可加少量骨粉。准备直径 15 ～ 20 厘米的花盆，每 2 ～ 3 年换盆、土 1 次，每 5 年更新 1 次。

施肥： 每半月施肥 1 次，用稀释的饼肥水或 15-15-30 的盆花专用肥，夏、冬季为休眠期，应停止施肥。

浇水： 生长期应充分浇水，保持盆土湿润，天气干燥时可向叶面喷水。夏季处于半休眠期，可减少浇水，每月 2 ～ 3 次即可；冬季则需保持盆土稍干燥，每 3 周浇水 1 次。

温度： 适宜生长温度为 18 ～ 25℃，冬季温度不能低于 10℃。

光照： 喜欢阳光充足的环境，平时可放在明亮且有散射光的地方。

怎样繁殖?

　　用盆播和扦插的方式繁殖。早春可盆播，2 ～ 3 周即可发芽；初夏可剪取带节的茎蔓扦插，茎蔓以 8 ～ 10 厘米为宜，横铺于沙土中，两周左右即可生根。

球兰

多年生常绿多肉植物。茎呈匍匐状生长，有蔓枝，能攀附他物。叶片肥厚，深绿色，对生。球形伞形花序，星形花朵簇生在腋部或顶端。

别名：铁加杯、金雪球
科属：萝藦科球兰属
产地：印度、缅甸、中国
花期：夏季

栽培方法

种植： 盆装腐叶土、培养土和粗沙的混合土，可加少量骨粉。准备直径 15 ~ 20 厘米的花盆，每年春季换盆、土 1 次。

施肥： 生长期每月施肥 1 次，可用稀释的饼肥水或 15-15-30 的盆花专用肥，还可加少许钾肥，这样花会开得更鲜艳。

浇水： 生长期要多浇水，盆土时刻保持湿润；夏季高温时，可减少浇水，但每周要喷水两次，注意不要向花序喷洒；冬季为休眠期，保持盆土稍湿润即可。

温度： 适宜生长温度为 18 ~ 25℃，冬季温度不能低于 5℃。

光照： 喜欢阴凉的环境，应多给散射光，可将球兰放在室内最明亮的地方，但要避免阳光直射。

养护要注意什么？

扦插时，注意剪取半成熟的枝或开花后的顶端枝，还要带茎节。另外，开花之后的球兰花梗就不要摘取了，因为明年它会在同一个地方开花。

光堂

树状肉质植物。茎干呈棒槌形，上密生小刺。叶片从茎顶抽出，簇生，呈卵形至长披针形，叶缘或平整，或呈波浪形；一般雨季有叶子，旱季无叶子。从叶腋处开出黄色的花。

别名：棒槌树
科属：夹竹桃科棒槌树属
产地：纳米比亚
花期：春夏之交

栽培方法

种植：盆装泥炭土、培养土和粗沙的混合土。准备直径 12 ~ 20 厘米的花盆，每年春季换盆、土。
施肥：每月施肥 1 次，用腐熟的饼肥水或 15-15-30 的盆花专用肥。冬季为休眠期，不用施肥。
浇水：生长期每两 2 ~ 3 周浇水 1 次，保持盆土稍湿润。冬季为休眠期，不需浇水，宜保持盆土干燥。
温度：适宜生长温度为 20 ~ 25℃，冬季温度不能低于 15℃。
光照：喜欢阳光充足的环境。

怎样繁殖?

有播种和扦插两种繁殖方法。光堂种子寿命短，采集之后要立刻播种，在 22 ~ 24℃的温度下，半个月后可发芽。扦插则从老株上切下健壮枝条，去掉叶片，通风晾一周，插入土中，一个月后可生根。

 小贴士

光堂是多肉植物的珍贵品种，外观奇特，适合作为盆栽观赏，可摆放于窗台、茶几或客厅角落，不仅能为生活带来别样风情，还能吸收辐射。

鸡蛋花

落叶灌木或小乔木，枝叶肥厚。叶较大，聚生于枝顶，呈长圆状倒披针形或长椭圆形；深绿色，叶背则呈浅绿色。聚伞花序，开于枝叶顶端，花冠呈筒状，外围为乳白色，中心为鲜黄色，盛开时，异常芳香。

别名：缅栀子、蛋黄花
科属：夹竹桃科鸡蛋花属
产地：美洲
花期：夏秋季

栽培方法

种植：盆装腐叶土、肥沃园土和粗沙的混合土，加少量骨粉。准备直径 20 ~ 30 厘米的花盆，每 2 ~ 3 年于春季换盆、土 1 次。

施肥：生长期每半月施肥 1 次，用腐熟的饼肥水或 20-20-20 的盆花专用肥。

浇水：生长期保持盆土湿润，冬季为休眠期，要保持盆土干燥。

温度：适宜生长温度为 25 ~ 30℃，冬季温度不能低于 5℃。

光照：喜光，除夏季应适当遮阴外，其余时间宜摆放在阳光充足处。

好养吗?

鸡蛋花很容易活，因而深受许多国家和地区人们的喜爱。印度、缅甸等国的寺庙中常种植鸡蛋花，老挝将其定为国花，同时它也是我国广东肇庆的市花，印第安人称它为"生金树""金塔花"，波利尼西亚人则喜欢在节日期间把它挂在身上以示喜庆。

沙漠玫瑰

　　多年生肉质植物，枝干粗壮。叶片呈倒卵形至椭圆形，先端钝而有短尖，互生于枝端。顶生总状花序，开花 10 余朵，花冠呈漏斗状，外缘红色至粉红色，且有短柔毛，中间则色浅，裂片边缘为波状。

别名	天宝花
科属	夹竹桃科天宝花属
产地	非洲的肯尼亚
花期	夏季

栽培方法

种植： 盆装腐叶土和粗沙的混合土。准备直径 20 ～ 30 厘米的花盆，每两年于春季换盆、土 1 次。

施肥： 不宜施肥太多，全年 2 ～ 3 次即可，可用稀释的饼肥水或 20-20-20 的盆花通用肥；冬季为休眠期，不用施肥。

浇水： 生长期保持盆土湿润；夏季高温季节，每天向叶片喷水；秋冬季节则保持盆土干燥。

温度： 适宜生长温度为 22 ～ 30℃，冬季温度不能低于 12℃，7℃以上可安全越冬。

光照： 喜欢阳光充足的环境，需要充足的光照。

遭遇病虫害怎么办？

　　若得叶斑病，可用 50% 托布津可湿性粉剂 500 倍液喷洒；若遇到介壳虫和卷心虫危害，就要立即用 50% 杀螟松乳油 1000 倍液喷杀。

非洲霸王树

树状肉质植物，植株挺拔健壮，有短粗硬刺。叶子丛生，从茎顶处抽出，呈长广线形，翠绿色，叶柄、叶脉则均为淡绿色。夏季开白色花。

别名：马达加斯加棕榈
科属：夹竹桃科棒槌树属
产地：马达加斯加
花期：夏季

栽培方法

种植：盆装泥炭土、培养土和粗沙的混合土。准备直径 12 ~ 25 厘米的花盆，每年春季换盆、土。

施肥：每月施肥 1 次，用腐熟的肥饼水或 15-15-30 的盆花专用肥。冬季为休眠期，不用施肥。

浇水：非洲霸王树对水分需求较大，要保持盆土湿润。冬季进入休眠期，则需控制浇水，只保持盆土稍干燥即可。

温度：适宜生长温度为 20 ~ 25℃，冬季温度不能低于 15℃。

光照：喜温暖且阳光充足的环境，适宜摆放在阳台等光线好的地方。

怎样水培？

先将根洗净，放入玻璃瓶中，根部放几块鹅卵石，2 ~ 3 周后，可长出新根，这时改用营养液培养，每隔 1 周换 1 次水，夏季蒸腾旺盛时，可每周换 1 次水。

泥鳅掌

　　肉质灌木植物。茎部呈灰绿色或褐色，并带有深绿色条纹，外形像泥鳅，因此得名。叶片呈线形，干枯后会如小刺般存在于变态茎上。头状花序，开橙红色或鲜红色花。

别名：地龙、初腾
科属：菊科千里光属
产地：东非及阿拉伯地区
花期：8～9月

栽培方法

种植： 盆装园土、粗沙的混合土。准备直径 15～20 厘米的花盆，每年春季换盆、土 1 次。

施肥： 对施肥没有过多要求，偶尔施 1 次腐熟的稀薄肥液。

浇水： 春秋季定期浇水；夏季为半休眠状态，要少浇水；冬季保持盆土干燥。

温度： 适宜生长温度为 18～24℃，冬季温度不能低于 10℃。

光照： 喜欢温暖的环境，需要充足的光照。

怎么繁殖?

　　常用扦插的方法繁殖，先剪切生长期植株的茎部肉质茎，然后把切口晾干，再平放在素沙土中即可，注意移植时，不要浇水过度。

 小贴士

　　泥鳅掌可修剪成多种小动物的形态，做成小盆景，放置在书桌、书架等处，让安静的书房看起来灵动有趣。

天龙

多年生肉质草本植物。基部的分枝较多，枝干呈圆柱状，上有绿色纵纹，整个茎干弯曲似苍龙，因此而得名。叶片肉质，簇生于茎顶，呈细长状。

别名：天龙千里光
科属：菊科千里光属
产地：非洲
花期：春秋季

栽培方法

种植：盆装腐叶土、培养土和粗沙的混合土，可加入少量骨粉。准备直径 20 ～ 30 厘米的花盆，每 2 ～ 3 年于春季换盆、土 1 次。

施肥：生长期施肥 2 ～ 3 次，可用稀释的饼肥水或 15-15-30 的盆花专用肥；夏、冬季休眠期则不施肥。

浇水：生长期每周浇水 1 次，盛夏每两周浇水 1 次，冬季每月浇水 1 次。

温度：适宜生长温度为 15 ～ 22℃，冬季温度不能低于 8℃。

光照：喜欢阳光充足的环境，需要充足的光照，但夏季应适当遮阴。

会遭遇病虫害吗?

如果通风不畅或空气过于潮湿，易得霜霉病和茎腐病，可用 75% 百菌清可湿粉剂 800 倍喷洒；也可能会受粉虱或蚜虫危害，可用 25% 噻嗪酮可湿粉剂 1500 倍喷杀。

 小贴士

天龙粗壮而挺拔，其茎干弯曲，可作多种造型，如果摆放在阳台、窗台或茶几上，那舒展的茎叶会带来无限"风景"。

紫蛮刀

多年生肉质草本植物。茎为绿色，有时也略带紫色；表面有老叶脱落后留下的鳞状物，使茎略显粗糙。叶片肉质，呈倒卵形，整体为青绿色，但叶片的边缘和基部呈紫色，表面则被白粉。头状花序，开黄色或朱红色花。

别名：紫章、紫金章
科属：菊科千里光属
产地：马达加斯加
花期：7～8月

栽培方法

种植：对土壤的适应性强，可用泥炭土与粗沙的混合土壤，也可将煤渣、泥炭土与珍珠岩按 6 ：3 ：1 的比例混合后使用，注意在土表铺上一层干净河沙。每 1～2 年换盆 1 次。

施肥：生长初期施颗粒肥 5～10 粒，每 7～10 天施肥 1 次。

浇水：浇水不宜过多，干透浇透，否则容易烂根。

温度：适宜生长温度为 15～22℃。

光照：喜欢温暖、干燥和阳光充足的环境。

繁殖需要注意什么？

通常采取扦插的方式繁殖，一般在紫蛮刀的生长期（春秋季）进行。先剪取健壮的枝条，并去掉下部的叶片，晾 1～2 天后，插在微微湿润的沙土中，在通风良好的条件下，20 天以上基本会长根，但为了防止烂茎，切忌经常给水。

小贴士

紫蛮刀枝叶挺拔，颜色鲜艳，看起来非常迷人，因此，常作为观叶植物制成盆栽，装饰客厅、卧室、阳台等处，可为室内增添些许生动活泼之气。

珍珠吊兰

多年生草本植物，枝条纤细，呈悬垂状。叶片肉质，呈念珠状，中间有一条透明的纵纹，深绿色，互生，仿佛是串起来的风铃。顶生头状花序，开白色或褐色小花，花呈弯钩状。

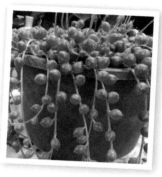

别名：绿之铃、翡翠珠
科属：菊科千里光属
产地：非洲西南部
花期：秋冬季

栽培方法

种植： 盆装腐叶土或泥炭土、肥沃园土和粗沙的混合土。准备直径12～15厘米的花盆，每年春季换盆、土1次。

施肥： 生长期每月施肥1次，可用稀释的饼肥水或15-15-30的盆花专用肥，冬季休眠期可不施肥。

浇水： 生长期保持盆土稍微湿润；夏季进入半休眠状态，要控制浇水。

温度： 适宜生长温度为15～22℃，冬季温度不能低于10℃。

光照： 喜欢阳光充足的环境，但夏季需遮阴，避免强光照射。

栽培要注意什么？

切忌浇水太多，它的叶片之所以呈球状，是因为原生环境较为干旱，对水的需求较少。因此，在栽培时为增强盆土的排水性，可在盆土中加入一些蛇木屑、珍珠石等介质。

小贴士

珍珠吊兰常做吊盆植物，念珠状的叶片晶莹剔透，煞是可爱，可摆放在门厅、走廊或客厅，以增添空间的景色，但刚买回来的珍珠吊兰为满足其对光照和通风条件的要求，最好放在有纱窗的窗台和阳台。

天竺葵

多年生肉质草本植物，直立向上生长。茎部具有明显的节，基部呈木质化状态，上部则为肉质。叶片为圆形或肾形，叶缘有圆形齿。腋生伞状花序，花梗较长，上被短柔毛，开红色、橙红色、粉红色或白色花。

别名： 洋绣球、入腊红
科属： 牻牛儿苗科天竺葵属
产地： 非洲南部、中国
花期： 5～7月

栽培方法

种植： 适合在沙质土壤中生存。

施肥： 生长期每月施稀薄液肥 2～3 次，1 次性施肥不能过多，否则会造成天竺葵脱水。

浇水： 忌浇水过多，每 2～3 天浇 1 次，浇水量要大，保证浇透。

温度： 适宜生长温度为 15～20℃；冬天室温不要低于 0℃，否则会冻伤。

光照： 喜光，日照要充足，但夏天要防止阳光曝晒。

冬季养护需要注意什么？

忌寒冻，因此，做好冬季的防寒冻工作对生长极其重要。在北方，应在霜降前将它移到室内向阳处，使它能接受充足的光照；在南方，则应在立冬后将其移至室外的避风向阳处，这样既可以满足它的光照需求，又可以躲避风寒。

白雪姬

多年生肉质草本植物，株高 15 ～ 20 厘米，丛生。茎短而粗硬，直立生长，密被白色长毛。叶片呈长卵形，长约 2 厘米，宽约 1 厘米，绿色或褐绿色，密被白色绒毛，互生。茎顶端开淡紫粉色的花。

别名：白绢草
科属：鸭跖草科鸭跖草属
产地：中南美洲
花期：夏季

栽培方法

种植：盆装腐叶土、培养土、粗沙混合土，可加少量骨粉。每年春季换盆、土 1 次。准备直径
　　　12 ～ 15 厘米的花盆，每盆可栽种 3 株。

施肥：每月施肥 1 次，用 15-15-30 的盆花专用肥施肥，但不要施肥过量，否则茎叶生长旺盛，致使
　　　茎徒长、叶柔软，影响观赏。

浇水：生长期保持土壤湿润而不积水，浇水时要避免把水淋洒在叶
　　　片上。冬季注意防寒，减少浇水，保持盆土干燥。

温度：适宜生长温度为 16 ～ 24℃，要避免高温，但冬季温度不能
　　　低于 10℃。

光照：喜光，但怕强光，夏季高温时应适当遮光，冬季则需放在室
　　　内阳光充足处，以保证充足的光照。

适合什么时候繁殖?

可通过扦插的方式进行繁殖，一般剪取生长期带顶梢的茎，晾干切口后，插入沙土或蛭石中，只需放在半阴的环境中，两周即可生根。

龟甲龙

多年生落叶藤本植物。根系庞大，为浅褐色块状，幼株的根系为球形，成株的球形根系表皮龟裂，渐渐呈石堆状，如龟甲，龟甲龙也因此得名。茎呈藤蔓状，长达 1 ~ 2 米，为绿色。叶片为心形。雌雄异株，雌株数量偏少，花朵细小，一般为 10 ~ 15 朵，散发出甜香味的花香。

别名：象脚薯蓣
科属：薯蓣科薯蓣属
产地：南非、墨西哥
花期：夏季

栽培方法

种植：盆土选择素沙土，加入一些草木灰即可。选择直径 18 ~ 20 厘米的花盆，冬眠型每两年于春季换盆、土 1 次，夏眠型每两年于秋季换盆、土 1 次。

施肥：每两周施肥 1 次，肥料选用长效肥或其他肥料，但休眠期可每 40 天左右施肥 1 次，要选择气温适中的中午施肥，以便于吸收。

浇水：生长期每 10 天浇水 1 次，休眠期应选择气温较好的中午浇水，并注意减少浇水次数。如果空气湿度较大或温度低于 9℃，就要停止浇水。

温度：适宜生长温度为 15 ~ 25℃，冬季温度在 15℃以上才能生长，当气温在 10℃时会停止生长，低于 5℃时会冻伤。

光照：喜欢温暖、干燥、向阳的环境，喜光，如果在室内养殖，应放置在通风向阳的地方，即使在休眠期，也应保证其对光照的需求。

你知道怎样让龟甲龙加速生长吗？

生长速度跟温度和光照密切相关，要想让它生长得更好、更快，最好的办法就是给它一个温暖的环境，温度保持在 15 ~ 25℃，并让它接受充足的光照。

箭叶海芋

　　常绿多肉植物，枝干生长挺拔。叶片绿色，簇生于茎顶，基部较宽，尖端渐狭。穗状花序。浆果为淡绿色，呈球形，内有种子1枚。

别名：黑叶观音莲
科属：天南星科海芋属
产地：亚洲的热带地区
花期：夏季

栽培方法

种植： 盆土可用各等份的腐叶土、泥炭土和河沙，再加入少许沤透的饼肥混匀后配制。准备直径15～20厘米的花盆，每月松土1次。

施肥： 生长期每隔半月追施1次液体肥料，温度低于15℃时要停止施肥。

浇水： 生长期盆土保持潮湿，夏季加强喷水，冬季室温不能达到15℃时，每周喷1次温水。

温度： 适宜生长温度为20～30℃，冬天最低可耐8℃的低温。

光照： 喜欢半阴的环境，应放置在既遮阴又通风的环境中。

有毒吗？

　　箭叶海芋有毒，误食会引起中毒，轻则上吐下泻，重则窒息或心脏停搏，切莫接触。如不小心误食，应立即服用蛋清、面糊并大量饮糖水，或注射葡萄糖盐水。

亚龙木

多年生常绿肉质植物，植株挺拔。茎干为灰白色，上面布满荆棘。叶片肉质，呈卵形至心形，对生。开黄色或白绿色花。

别名：大苍炎龙
科属：龙树科亚龙木属
产地：马达加斯加岛
花期：夏季

栽培方法

种植： 盆装泥炭土、培养土和粗沙的混合土，可加入少量骨粉、草木灰。准备直径 10 ~ 15 厘米的花盆，每年春季换盆、土 1 次。

施肥： 全年施腐熟的饼肥水或 15-15-30 的盆花专用肥 2 ~ 3 次，冬季休眠期不施肥。

浇水： 生长期保持盆土稍湿润，休眠期则不必浇水。

温度： 适宜生长温度为 19 ~ 24℃，冬季温度不能低于 5℃。

光照： 喜欢阳光充足的环境，可摆放在窗台等向阳处，但要避免阳光直射，夏季需遮阴 50%。

如何繁殖?

有盆播、扦插、嫁接等繁殖方式。盆播可在春末进行，播种后 2 ~ 3 周即可发芽；扦插也在春季进行，剪取壮实的枝条，扦插后 3 周左右可生根；嫁接则宜在夏季进行，嫁接时要除去疣状突起。

小贴士

亚龙木可作植物园和多肉植物爱好者的品种收集，也可选购中型高度的亚龙木在家中种植，用来装饰客厅、窗台或门廊等。

Part 3
多肉植物
组盆

本章将介绍多肉植物的创意组盆，
创意组盆既可以让多肉植物变得更加多
姿多彩，也可以充分发挥想象力，
利用各种容器，变废为宝，
从而达到环保和美观的双重目的。

多肉食盒

　　这款创意多肉组盆，是仿古老食盒的木质花器，搭配上萌萌的多肉植物，不仅色彩美丽、造型奇特，还让人很有食欲呢。

制作工具及材料

工具：填土器，细木棍，浇水器。　　　　材料：木质花器，陶粒，培养土。

组盆植物介绍

❶ 玉露寿　　　　❷ 火祭　　　　❸ 白鸟　　　　❹ 千佛手　　　　❺ 条纹十二卷

❶ 在木质花器里铺入一层陶粒。

❷ 再倒入准备好的培养土。

❸ 用细木棍挖一个小坑，将较大棵的多肉植物种上。

❹ 按照步骤3依次种上其他多肉植物。

❺ 将多肉植物全部种好以后，用填土器再铺入一层陶粒。

❻ 最后用浇水器给种好的多肉植物浇适量水。

 组盆后养护

❶ 要把多肉植物放到光照充足、通风良好处，但夏季要注意遮阴，避免曝晒。

❷ 要依据"不干不浇，浇则浇透"的浇水原则，但注意盆内不可积水。

❸ 可将其放在阳台、窗台等处，既美观，又可满足多肉植物的光照需求。

多肉花篮

　　以藤类花器为载体，搭配株型不同、颜色各异的多种多肉植物，制成一个美妙的花篮。随着多肉的生长，这个花篮会越变越丰富。

制作工具及材料

工具：填土器，小铲子。

材料：藤类花器，陶粒，培养土，赤玉土。

组盆植物介绍

① 金钱木　② 金枝玉叶　③ 红稚莲　④ 黄丽　⑤ 蓝石莲　⑥ 虹之玉　⑦ 不死鸟锦　⑧ 雅乐之舞　⑨ 千佛手

❶ 在藤类花器里铺入一层陶粒。

❷ 再倒入准备好的培养土。

❸ 将较大棵的多肉植物种进藤类花器。

❹ 按照步骤3依次种上其他多肉植物。

❺ 将多肉植物全部种好后，用填土器铺入一层赤玉土。

❻ 赤玉土铺好后，用小铲子压实土壤，再浇入适量水即可。

组盆后养护

❶ 多肉植物一般比较耐干旱，因此，浇水的次数不宜过多，要遵循"干透浇透"的原则。

❷ 多肉植物一般比较喜欢阳光，要尽量把它放到阳光充足的地方，但也要避免阳光直射。

❸ 藤类花器一般会制成画框悬挂使用，可装饰墙面，增加空间的立体感。

多肉森林

　　本款创意多肉组盆以绿色为主色调，植入多种高低不同、形态各异的多肉植物，给人一种多肉森林的感觉。

制作工具及材料

工具：填土器，小铲子。

材料：铝质花器，陶粒，培养土，珍珠岩。

组盆植物介绍

❶ 珊瑚

❷ 乙女心

❸ 姬胧月

❹ 特玉莲

❺ 黄丽

❻ 柳叶莲华

❼ 紫牡丹

❽ 初恋

❾ 丸叶万年草

❿ 黄金万年草

❶ 用填土器在铝质花器里铺入一层陶粒。

❷ 将准备好的培养土倒入铝质花器。

❸ 将较大棵的多肉植物种进铝质花器并固定好。

❹ 按照步骤3依次种上其他多肉植物。

❺ 用填土器铺入一层珍珠岩。

❻ 用小铲子整理平整并压实土壤，最后浇入适量水即可。

 组盆后养护

　　❶ 铝质花器一般作挂篮用，最好悬挂在庭院或阳台，放在室内则不易管理，特别是冬季，如果室内通风效果不佳，水分挥发缓慢，会造成植物发霉腐烂。

　　❷ 往挂篮里浇水后，水会下漏，因此，挂篮的下面不宜摆放过多的东西。

多肉聚宝盆

　　外观漂亮、瓷面光滑、形似宝盆的陶瓷花器，搭配上色彩缤纷、姿态优美的多肉植物，一个完美的多肉聚宝盆就出现啦！

制作工具及材料

工具：填土器，小铲子，橡胶洗耳球。　　　　**材料**：陶瓷花器，轻石，培养土，小石子。

组盆植物介绍

❶ 金钱木　　❷ 马库斯　　❸ 黄丽　　❹ 霜之朝　　❺ 千佛手　　❻ 八千代　　❼ 青丽　　❽ 柳叶椒草

❾ 不死鸟锦　❿ 蓝石莲　⓫ 丸叶姬秋丽　⓬ 白牡丹　⓭ 吉娃莲　⓮ 初恋　⓯ 黄金万年草　⓰ 虹之玉

❶ 在陶类花器底部的透气孔处放一小块轻石。

❷ 将准备好的培养土倒入。

❸ 用小铲子挖好坑，放入多肉植物并固定好。

❹ 按照步骤 3 依次种上剩余的多肉植物。

❺ 将多肉植物全部种好后，用填土器铺入一层小石子。

❻ 用橡胶洗耳球吹去多肉上的灰尘，然后浇入适量水就可以了。

 组盆后养护

❶ 要根据自己的实际情况来选择陶类花器，并采用相应的养护方法。

❷ 要把多肉植物放在光照充足处养护，但夏季要适当遮阴，以避免烈日曝晒。

❸ 不同的陶类花器摆放在不同的地方，都可以起到点缀环境的作用。

多肉海滩

　　状如椰树的黑法师、兼具装饰与吸水作用的吸水石、色如沙滩的赤玉土，再搭配其他几种株型小巧的多肉，立刻呈现给你一个欢乐无限的多肉海滩。

制作工具及材料

工具：填土器。　　　材料：玻璃花器，陶粒，珍珠岩，培养土，吸水石，赤玉土。

组盆植物介绍

❶ 黑法师　　❷ 金枝玉叶　　❸ 霜之朝　　❹ 红稚莲　　❺ 蒂亚

❻ 圣诞东云　　❼ 黄丽　　❽ 黄金万年草　　❾ 紫珍珠　　❿ 吉娃莲

❶ 在玻璃花器里铺入一层陶粒并整理平整。

❷ 接着用填土器倒入一层珍珠岩。

❸ 再倒入准备好的培养土。

❹ 将最大棵的多肉植物种入玻璃花器并固定好。

❺ 将其他多肉植物依次种好，并放入大块吸水石。

❻ 最后铺一层赤玉土，将玻璃花器移至阳光下并浇入适量水即可。

 组盆后养护

❶ 玻璃花器中的多肉植物不宜多浇水，干透之后只需浇一点点就可以了。

❷ 玻璃花器适合种植小型多肉植物，或在多肉植物的培育阶段使用。

❸ 玻璃花器培育的多肉植物干净而美观，适合摆放在室内。

多肉漂流瓶

　　酒瓶状的陶类花器，植入萌化人心的多肉植物，犹如一个承载着深深情谊的漂流瓶，将我们美好的祝愿带给远方的人们。

制作工具及材料

工具：填土器，小铲子。　　　　材料：陶类花器，轻石，培养土，赤玉土，珍珠岩。

组盆植物介绍

❶ 星王子　　　　　❷ 薄叶蓝鸟　　　　　❸ 虹之玉　　　　　❹ 黄金万年草

❶ 将一小块轻石放在陶类花器底部的透气孔处。

❷ 用填土器将培养土倒入陶类花器中。

❸ 将多肉植物放入用小铲子挖好的小坑内固定好。

❹ 按照步骤 3 依次种上其他多肉植物。

❺ 用小铲子铺入一层赤玉土，并将土壤压实。

❻ 最后放入珍珠岩和小饰品，浇水即可。

 组盆后养护

❶ 陶类花器的透水性较差，应尽量少地使用无孔陶类花器。

❷ 栽种后要放在温暖、干燥、光线明亮的地方养护。

❸ 可摆放在窗台、书桌、茶几、书架等处，显得古朴而典雅。

多肉木桶王国

　　废弃木板改造而成的花器，搭配形态、颜色各异的多肉植物，古朴的花器和可爱的多肉融为一体，营造出一个多肉植物的小王国。

制作工具及材料

工具：填土器，橡胶洗耳球，小铲子。　　　材料：木质花器，陶粒，培养土，珍珠岩，轻石。

组盆植物介绍

❶ 紫珍珠　　　❷ 八千代　　　❸ 柳叶莲华　　　❹ 冬美人　　　❺ 黄金万年草

❶ 用填土器在木质花器里铺入一层陶粒。

❷ 用填土器将培养土倒入木质花器中。

❸ 将准备好的多肉植物依次种到木质花器中。

❹ 种好后，用橡胶洗耳球吹去多肉上的灰尘。

❺ 铺上一层珍珠岩，并用小铲子压实。

❻ 最后放入一小块轻石，可以起到吸水及装饰作用。

 组盆后养护

❶ 为了延长木质花器的使用时间，可在上面刷上清漆和桐油，但刷上之后味道会比较大，可以把它放在室外通风的地方 1 个月以后再使用。

❷ 可把木质花器的多肉组盆摆放在窗台、阳台、茶几等处，既能美化环境，又能净化空气。

多肉水晶世界

　　晶莹剔透的玻璃花器，色彩缤纷的多肉植物，以及在阳光照射下，熠熠发光的水珠，营造出一个如童话般的多肉水晶世界。

制作工具及材料

工具：填土器，小铲子，橡胶洗耳球。　　　　材料：玻璃花器，珍珠岩，培养土，赤玉土。

组盆植物介绍

❶ 丸叶姬秋丽　　　❷ 火祭　　　❸ 千佛手　　　❹ 白牡丹　　　❺ 虹之玉

制作步骤

❶ 用填土器在玻璃花器里铺入一层珍珠岩。

❷ 倒入培养土并用小铲子整理平整。

❸ 将多肉植物依次种到玻璃花器中。

❹ 待多肉植物种好后，用小铲子铺入一层赤玉土。

❺ 将准备好的小饰品放入玻璃花器中。

❻ 用橡胶洗耳球吸水后，均匀滴在玻璃花器中即可。

 组盆后养护

❶ 玻璃花器多肉组盆不需要太多光照，尤其在夏季，要把它放在散射光处。

❷ 浇水时注意不要把水浇到植株上，要在植株周围浇水。

❸ 将玻璃花器的多肉组盆摆在室内，可为室内增加些许活泼灵动的气息。

多肉盆景

　　绘有山水亭台水墨画的陶瓷花器，搭配姿态优雅、色彩绚丽的多肉植物，一个意境深远的多肉盆景就出现在眼前了。

制作工具及材料

工具：填土器。

材料：陶瓷花器，陶粒，培养土，赤玉土。

组盆植物介绍

❶ 冬美人　❷ 蒂亚　　❸ 奥利维亚　❹ 玉露　　❺ 子宝　　❻ 大和锦　　❼ 因地卡

❶ 在陶瓷花器里铺入一层陶粒。

❷ 用填土器倒入准备好的培养土。

❸ 先选取较大棵的多肉植物种在土壤中。

❹ 再按照步骤 3 依次种上剩余的多肉植物。

❺ 用填土器铺入一层赤玉土。

❻ 稍加整理后浇入适量水，移至光照处即可。

 组盆后养护

❶ 要把多肉植物放到光照充足、通风良好处，但夏季则需要遮阴。

❷ 浇水量不可过多，以防盆内积水。

❸ 此款多肉组盆造型雅致，可将其放在庭院高台等光线明亮处。

多肉花坛

　　有漂亮纹理的方形仿石花器，搭配株型各异的多肉植物，营造出一幅参差错落的多肉花坛图景，将其摆放至庭院、阳台、窗边等处，别致而优雅。

制作工具及材料

工具：填土器，橡胶洗耳球。

材料：方形仿石花器，轻石，培养土，赤玉土。

组盆植物介绍

❶ 金钱木 　　❷ 蓝石莲 　　❸ 虹之玉 　　❹ 丸叶万年草 　　❺ 姬胧月

❻ 黄丽 　　❼ 黑王子 　　❽ 紫珍珠 　　❾ 鲁氏石莲花 　　❿ 白鸟

制作步骤

❶ 在仿石花器的透气孔处放一小块轻石。

❷ 用填土器倒入培养土至九分满。

❸ 先将株型较大的多肉植物种好。

❹ 再按步骤 3 依次种好剩余的多肉植物，用橡胶洗耳球吹去灰尘。

❺ 用填土器铺上一层赤玉土。

❻ 将土壤压实，移至光照处浇水即可。

 组盆后养护

❶ 夏季要光照充足，但不可曝晒；冬季可移至室内，但要注意通风。

❷ 夏季要保持盆土湿润，冬季则要控制浇水或者断水。

❸ 可以将其放在窗台、阳台等处，既可以净化空气，又可以点缀家居。

多肉礼物篮

　　猫咪造型的藤编花器非常可爱，姿态各异的多肉植物清新雅致，二者搭配而成的多肉礼物蓝尽显迷人之处，让人爱不释手。

制作工具及材料

工具：填土器，橡胶洗耳球，浇水器。　　　　　材料：藤类花器，陶粒，培养土。

组盆植物介绍

❶ 冬美人　❷ 薄叶蓝鸟　❸ 黄丽　❹ 青丽　❺ 姬胧月　❻ 白鸟　　❼ 旋叶姬星　❽ 黄金万年草

❶ 在制作好的藤类花器中铺上一层陶粒。

❷ 用填土器倒入准备好的培养土。

❸ 按株型大小依次种多肉植物。

❹ 再用填土器铺上一层陶粒。

❺ 用橡胶洗耳球吹去多肉植物上的灰尘。

❻ 用浇水器浇入适量水即可。

 组盆后养护

❶ 将多肉礼物篮放在光照充足的地方，并注意通风。

❷ 掌握好浇水量，避免积水，以防止多肉植物烂根。

❸ 可以将其放在阳台等处，点缀家居。

多肉礼盒

　　绘有花纹的纯白色椭圆形花器素雅清新，色彩美丽的多肉植物端庄秀美，二者组合在一起就是一个别致的多肉礼盒，就把它当作送给自己的礼物吧。

制作工具及材料

工具：填土器。

材料：塑料花器，陶粒，培养土，小石子。

组盆植物介绍

❶ 冬美人　❷ 马库斯　❸ 青丽　❹ 紫珍珠　❺ 蓝石莲　❻ 黄丽　❼ 虹之玉　❽ 黄金万年草

❶ 在塑料花器中铺上一层陶粒。

❷ 用填土器倒入准备好的培养土。

❸ 放入的培养土以九分满为宜。

❹ 依次将准备好的多肉植物种好。

❺ 用填土器铺上一层白色小石子。

❻ 整理平整，浇入适量水，放到光照处即可。

 组盆后养护

❶ 种好后要将其放在光照充足的地方，夏季光照强烈时要注意适当遮阴。

❷ 多肉植物不能淋雨，以防止积水，造成烂根。

❸ 将其摆放在电视柜、书桌、窗台上，可以起到很好的装饰作用。

多肉掌上花园

　　小巧精致的白色陶瓷八角盆，与玲珑秀气、色彩绚丽的多肉植物搭配，组成了一个让人怦然心动可以捧在手心的多肉花园。

制作工具及材料

工具：填土器，镊子。

材料：陶瓷花器，轻石，培养土，鹿沼土。

组盆植物介绍

❶ 蓝石莲　　❷ 柳叶莲华　　❸ 格林　　❹ 黄金万年草　　❺ 马库斯　　❻ 因地卡　　❼ 黄丽

❶ 将一小块轻石放在陶瓷花器的透气孔处。

❷ 用填土器倒入培养土至九分满。

❸ 将准备好的多肉植物依次种到陶瓷花器中。

❹ 用镊子调整并固定好多肉植物。

❺ 用填土器铺入一层鹿沼土。

❻ 整理好后，移至光照处，浇入适量水即可。

 组盆后养护

❶ 将其放在光照充足的地方养护，生长期要每月施 1 次肥。

❷ 要从植株周围浇水，需保持盆土湿润，但要避免盆内积水。

❸ 此款多肉组盆小巧精致，可放在书桌、几案等处作装饰。

附录1 名词解释

群生
群生是指单棵植物的主体上有多个生长点，一起生长出许多新的分枝。

全日照
全日照是指植物在露天环境下，一天所接受阳光直射的时间，与日照强度无关。

散光
散光是指植物处在光照环境下，但又没有受到阳光直射的一种栽培环境。

半阴
半阴是一种光照较少的栽培环境，比散光的光线更弱。

老桩
老桩是指株龄较大且枝干木质化的老株。

徒长
徒长是指植物因生长环境的缺陷，如缺少日照、浇水过多等，致使茎叶生长紊乱，且速度加快，枝条细长，叶片颜色变深，间距拉大，并呈下翻状。苗期徒长是指幼苗长势稀疏，且不矮壮，主要是由于氮肥施用过多，植株生长茂盛又没有生理分化所致。

砍头
砍头是一种植物修剪方式，指用剪刀将植物顶部剪掉。

生长季
生长季是指温度、光照、湿度等条件都能够满足植物生长的季节。

露养
露养是指将植物放在露天环境下养护，它是一种高度还原植物野生生长环境的栽培方法。

休眠季
休眠季是指在季节性的不良气候时期，植物的部分或整体暂时停止生长的现象。

板结
板结是指土壤因缺少有机质，在大量浇水或者淋雨后，变得坚硬并有结块的现象。

闷养
闷养是指冬季低温时，用一次性塑料杯等容器为植物制造一个小型温室环境，并将它放在其中养护。闷养可保持足够的空气湿度，这样不仅会阻隔大部分紫外线，以防止植物被晒坏，而且也可以满足植物的水分需求，以减少浇水。

修根
修根是指对植物的根系进行修剪整理。多肉植物在生长 1 ~ 2 年后，部分根系会出现坏死的情况，所以要通过翻盆来将这些坏死的根系修剪清理掉。

晾根

晾根是植物的一种养护方法，具体是指将多肉植物的根部放在散光区晾晒 3 ～ 4 天，以达到晾干其根部的目的。

缀化

缀化是一种常见的植物变异现象，具体是指某些开花植物由于受外界刺激，如水分、日照、温度、药物等，其顶端生长异常，形成多个小生长点，这些生长点横向连成一条线，长成扁平的扇形或鸡冠形带状体。

锦斑

锦斑是一种常见的植物变异现象，具体是指植物的茎、叶等局部发生颜色上的改变，变成红色、黄色、白色等颜色。

夏型

夏型是指夏季生长、冬季休眠的多肉植物品种。夏季，温度低于 35℃，多肉植物会正常生长，超过 35℃ 则会进入休眠状态；冬季，温度低于 10℃，多肉植物会进入休眠状态，温度过低还可能导致多肉植物冻伤或死亡。

冬型

冬型是指夏季休眠、冬季生长的多肉植物品种，但如果冬季温度低于 5℃，即使是冬型多肉植物也会处于休眠状态。

爆盆

爆盆是指植物生长过于密集，以至于充满整个花盆的现象。

腐殖质

腐殖质是指土壤中的有机物质，主要由生物体经微生物分解形成，呈黑色胶状体，在一定条件下，会释放养分来以供养植物。

分株

分株是一种常见的植物繁殖方法，具体是指将植物根茎基部长出的分枝切下来进行栽植，使之长成独立的新植株。

扦插

扦插是一种常用的植物繁殖方法，具体是指将植物的叶、枝、根、芽等部位剪切掉，然后插入培养土中或浸泡在水中，等生根发芽后，再移植到新盆中。

附录 2　栽培答疑

Q 新买回来的多肉植物需要修根吗？

A 修根是指把多肉植物已经老化、坏死的根系修剪掉，以使其更快地萌发出新的根系，因此，新买回来的多肉不要盲目修根，要先观察，再确定是否需要修根。此外，还要注意，修根后，要将多肉放在通风且没有阳光直射的地方晾干，待伤口愈合后再进行栽植。

Q 怎样让多肉植物长得更好？

A 要想让多肉植物长得更好，施肥是必不可少的一部分，因为肥料是植物的主要营养来源。肥料主要分为氮肥、磷肥和钾肥。氮肥的主要作用是帮助多肉长绿叶，也就是说施氮肥可以让多肉变得枝繁叶茂、翠绿鲜亮。磷肥的主要作用是促进植物开花结果，增强植物的繁殖能力。钾肥的主要作用则是促进植物根茎的生长，使其长得更加肥壮。因此，要根据所需进行施肥，这样才能使多肉长得更好。

Q 组盆时，可以将日照、浇水等需求不同的多肉种在一起吗？

A 将不同的多肉进行混合种植是为了有更好的观赏效果，需求不同的多肉是可以一起种植的，但组盆多肉要尽量选择同一科属的，因为同科属的多肉习性相似，养护起来也相对比较容易。

Q 多肉植物的选盆有哪些技巧？

A 不同的多肉植物，形态也各不相同，选择一个和多肉相配的花盆可使其"身姿"更加曼妙，否则就会使其风采大打折扣。选盆时要考虑两个因素，一是多肉的株型和花盆的形状，二是多肉和花盆的颜色。就第一个因素而言，圆形花盆适合栽植球形的多肉，方形花盆适合栽植有棱角的多肉，而精巧别致的花盆则适合栽植株型奇特的多肉。就第二个因素而言，一般浅色花盆栽植颜色较深的多肉，深色花盆栽植颜色较浅的多肉，这样可以突出多肉的特点，避免花盆喧宾夺主。

Q 多肉植物的叶片干枯掉落怎么办？

A 多肉植物底层的叶片出现干枯掉落属于正常的代谢过程，不必太过担心。不过，这种情况也需要清理，因为枯叶长期积累容易引发病虫害，进而会损害多肉植株；正确的做法是等叶片完全干枯后取下来扔掉，不可强行扯下还没有完全干枯的叶片，以免伤到多肉植株。

附录 3 多肉植物名称索引

B

八宝景天 64
白花小松 116
白龙球 120
白毛掌 126
白牡丹 111
白鸟 144
白雪姬 220
白玉兔 118
半球星乙女 65
波路 155
波头 166
不夜城芦荟 156
布纹球 177

C

彩云阁 178
长寿花 75
橙宝山 137
赤鬼城 71
初恋 110
垂盆草 51
春峰 179
春梦殿锦 205
慈光锦 170
翠绿石 107

D

大和锦 53
大花虎刺梅 183
大花犀角 208
大戟阁锦 180
大美龙 192
大叶落地生根 76
帝玉 171
点纹十二卷 145

吊金钱 209
冬美人 101
短毛球 121
短叶虎尾兰 199
多棱球 131

F

非洲霸王树 214
绯花玉 130
绯牡丹 129
翡翠殿 157
翡翠玉 168
翡翠柱 188
佛肚树 191
佛甲草 52

G

光棍树 186
光堂 211
光玉 172
龟甲龙 221

H

黑法师 90
黑王子 54
红彩云阁 181
红粉台阁 61
红卷绢 103
红怒涛 167
红雀珊瑚 189
红缘莲花掌 93
虹之玉 40
虹之玉锦 48
狐尾龙舌兰 193
虎刺梅 182
花盛球 123
花叶寒月夜 95

花月夜 88
黄丽 44
黄毛掌 124
火祭 66

J

鸡蛋花 212
姬胧月 108
姬星美人 41
姬玉露 152
吉娃莲 55
箭叶海芋 222
江户紫 77
将军阁 187
金边短叶虎尾兰 200
金边虎尾兰 201
金边龙舌兰 194
金冠 133
金琥 132
金钱木 203
金手指 119
锦晃星 56
锦司晃 57
景天树 67
九轮塔 146
酒瓶兰 206

K

库珀天锦章 105
快刀乱麻 175

L

蓝石莲 86
雷神 196
雷童 173
丽娜莲 87
量天尺 127

琉璃殿 147
琉璃晃 184
芦荟 158
鹿角海棠 174
露美玉 163
露娜莲 83
鸾凤玉 134
罗密欧 85

M
马齿苋 202
毛叶莲花掌 94

N
泥鳅掌 215
女王花笠 58

P
碰碰香 162
乒乓福娘 114

Q
麒麟掌 185
千代田锦 159
千代田之松 100
千佛手 47
钱串景天 68
茜之塔 69
青星美人 99
清盛锦 92
球兰 210
趣情莲 78

R
若绿 74

S
沙漠玫瑰 213
山地玫瑰 91
山影拳 143

少将 169
神刀 70
生石花 164
寿 150
鼠尾掌 138
霜之朝 63
水晶掌 154

T
昙花 141
唐印 79
桃美人 98
特玉莲 62
笹之雪 195
天龙 216
天使之泪 45
天章 106
天竺葵 219
条纹十二卷 148
筒叶花月 73

W
万象 149
万重山 139
王妃雷神 197
翁柱 142
卧牛锦 160
乌羽玉 135
蜈蚣珊瑚 190
五十铃玉 176

X
仙女杯 112
仙女之舞 80
仙人球 122
仙人掌 125
仙人柱 128
小米星 72

小人祭 96
小松绿 42
小玉珠帘 43
蟹爪兰 136
心叶球兰 207
新玉缀 49
星美人 97
熊童子 115
雪莲 89

Y
雅乐之舞 204
亚龙木 223
乙女心 46
银星 109
英冠玉 140
玉吊钟 81
玉蝶 59
玉露 151
玉米石 50
玉扇 153
玉翁 117
圆叶虎尾兰 198
月兔耳 82
月影 60

Z
珍珠吊兰 218
蛛丝卷绢 104
子宝 161
子持莲华 113
紫蛮刀 217
紫牡丹 102
紫勋 165
紫珍珠 84